# 多尺度不透水面信息遥感提取模型与方法

邵振峰　著

科学出版社

北　京

# 内 容 简 介

本书系统分析了多尺度不透水面信息遥感提取的科学问题，提出了多个不透水面信息遥感提取的新模型和新方法，并重点剖析了全球和区域尺度不透水面信息提取模型和方法、流域尺度不透水面信息提取模型和方法、城市尺度不透水面信息提取模型和方法、景观尺度不透水面提取模型和方法。作者结合全球城市化发展趋势和城市可持续发展所面临的挑战，针对海绵城市建设需求，实践了多尺度不透水面信息的应用，最后展望了多尺度不透水面信息遥感提取模型和方法的发展趋势。

本书可供从事定量遥感模型与方法基础研究、城市遥感应用研究与遥感应用系统建设的科技和管理人员参考，也可作为大专院校相关专业师生和城市信息化相关专业科研工作人员的参考资料。

**图书在版编目(CIP)数据**

多尺度不透水面信息遥感提取模型与方法 / 邵振峰著.—北京: 科学出版社, 2021.6

ISBN 978-7-03-067322-0

Ⅰ.①多… Ⅱ.①邵… Ⅲ.①遥感技术–应用–不透水面–研究 Ⅳ.① TV223.4-39

中国版本图书馆 CIP 数据核字 (2020) 第 265068 号

责任编辑：侯若男 / 责任校对：彭　映
责任印制：罗　科 / 封面设计：墨创文化

**科 学 出 版 社** 出版

北京东黄城根北街16号
邮政编码：100717
http://www.sciencep.com

成都锦瑞印刷有限责任公司 印刷

科学出版社发行　各地新华书店经销

\*

2021 年 6 月第 一 版　　开本：787×1092 1/16
2021 年 6 月第一次印刷　　印张：13
字数：308 000

定价：188.00 元
(如有印装质量问题，我社负责调换)

# 序

邵振峰教授推出的《多尺度不透水面信息遥感提取模型与方法》这部新著作，是一类专题信息遥感定量提取的创新成果。该专著是李德仁院士团队邵振峰教授近年来的最新研究成果。该专著继承了遥感科学的原理与认知方法，并提出多尺度不透水面信息遥感提取系列模型和方法，我乐意为之作序。作者先后承担了科技部重大专项、科技支撑计划、重点研发计划项目、教育部新世纪优秀人才项目和多项国家自然科学基金项目，作为同行，我们在近几年的国际会议上就其专著的模型和方法进行过交流，作者也有多篇文章发表到我担任主编的《环境遥感》国际刊物上。

很高兴地看到，作者把自己近 10 年的系统研究整理成专著，该专著系统总结了不透水面信息提取技术的发展，涵盖了全球、区域、流域、城市和景观等多尺度不透水面信息遥感提取方法。作者提出了多尺度不透水面信息遥感提取的系列模型和方法，并在海绵城市和长江大保护等需求中实践了多尺度不透水面成果的应用。记得在 2016 年 6 月的第四届国际对地观测与遥感应用学术研讨会(The Fourth International Workshop on Earth Observation and Remote Sensing Applications，EORSA2016)上，我们就作者发表的不透水面信息遥感提取学术报告进行了交流；2017 年 6 月，我参加了作者团队举办的不透水面信息提取国际研讨会，并就共同关心的问题开展了研讨；2018 年 6 月我应邀在武汉大学做学术报告，并实地考察了作者参与建设的武汉市海绵城市示范区。

在这本专著中，作者提出了图谱特征逐层融合的多分类器集成不透水面信息提取模型，提出了基于深度学习的不透水面信息提取新方法，突破了多源遥感影像提取不透水面信息的相关科技难题，构建了覆盖全国的不透水面样本数据库；作者首次完成了中国 2m 不透水面一张图，并研制了全自主知识产权的高分辨率不透水面信息提取软件，能够快速高效地为海绵城市规划和建设提供急需的不透水面基础数据。多尺度不透水面对海绵城市的建设有重要的现实意义，可为城市可持续发展提供支撑技术，对该方向的研究也具有重要的学术价值。遥感大数据的特征提取和信息挖掘，方兴未艾。多尺度不透水面对海绵城市和生态城市的贡献，值得期待。

陈镜明

2021 年 2 月

# 前　　言

城市是人类改造自然环境的产物。随着全球经济快速发展，各国都在经历快速城市化的过程，城市扩张导致不透水面占比迅速上升。城市及其周边的自然环境和地表覆盖类型发生了从自然地表转化为低密度建筑区，再从低密度建筑区转化为高密度建筑区等一系列转变，使得环境承受能力减弱，耕地、植被、湿地、水域等自然地表陆续减少。不透水面的增多、大量自然地表的消失对生态环境造成难以恢复的破坏。极端气候出现频率增高、全球气候变暖等一系列负面效应最终会影响人们的生活。

利用多源遥感数据，可以快速高效地对不透水面信息进行提取和动态监测。当前，全球仅有美国、欧盟和中国生产了全球或国家级中低分辨率的不透水面产品，具体包括全球 1km 分辨率、30m 分辨率和 10m 分辨率的不透水面产品，但仍无法满足目前城市尺度和景观尺度的规划和管理需求。如何充分利用已有多源高分辨率遥感数据，提高高分辨率遥感数据的匹配效率和融合质量，自动提取米级和分米级不透水面专题信息是世界各国高分辨率遥感系统应用中所共同面临的科学和技术难题。

本书分为 8 章，以遥感图谱认知理论为指导，建立"图谱耦合"的多尺度不透水面信息遥感提取模型，在全球、区域、流域、城市和景观等空间尺度上开展不透水面信息提取模型与方法研究，实现对多尺度不透水面信息的遥感提取。在区域尺度上，选取中国长三角和珠三角城市群开展提取；在城市尺度上，选择海绵城市试点区——武汉市开展提取；在景观尺度上，从海绵城市的规划和建设需求出发，提出多源高分辨率遥感影像和城市街景影像的不透水面高精度提取模型和方法，选择海绵城市试点区域开展提取，直接服务于海绵城市规划和建设需求，并验证了提取方法在空间与时间上的可行性。本书是重大科技专项、国家自然科学基金、测绘基金的成果结晶。具体资助计划如下。

(1) 国家自然科学基金重大项目"陆表智慧化定量遥感的理论与方法"中的课题"辐射能量平衡参量跨尺度智慧反演（42090012）"

(2) 香港研究资助局基金项目"Continuous multi-angle remote sensing data: feature extraction and image classification"（14611618）。

(3) 国家自然科学基金重大项目"长江经济带水循环变化与中下游典型城市群绿色发展互馈影响机理及对策研究"（41890820）。

(4) 国家自然科学基金面上项目"融合高分辨率遥感影像和 LiDAR 数据的城市复杂地表不透水面提取方法"（41771454）。

(5) 广州市科技计划资助项目"融合高分辨率遥感影像图谱特征的城市不透水面提取及示范应用"（201604020070）。

(6) 武汉市晨光计划项目"融合多源遥感影像的城市不透水面提取和监测"（201607020 04010114）。

（7）国家测绘地理信息局地理国情监测重点实验室基金"基于多源高分辨率遥感影像的城市不透水市情变化检测方法研究"（2015NGCM）。

（8）云南省重点研发计划（科技入滇专项）"融合天-空-地多源高空间-光谱遥感影像的城市不透水面提取及海绵城市监测应用"（2018IB023）。

（9）教育部新世纪优秀人才基金"高分辨率遥感影像处理与分析"（NCET-12-0426）。

（10）湖北省自然科学基金杰青项目"基于车载对地观测传感网的城市环境移动监测关键技术与应用"（2013CFA024）。

（11）国家测绘地理信息局基础测绘项目"基于测绘卫星数据的城市不透水层提取研究及应用"（测科函〔2015〕11号）。

本书是一部集理论与应用于一体的综合性读物，既可作为该专业领域的工具书，又可作为大专院校有关学科本科生及研究生的教材或教学参考用书。

本书总结了作者承担的自然科学基金项目的最新研究成果。其中，基于深度学习模型的不透水面信息提取方法获得2017年人工智能和大数据国际会议最佳论文奖，基于城市尺度不透水面信息提取模型和方法完成的全国不透水面研究成果获得2018年测绘科技进步一等奖；发明专利"一种基于多源遥感数据的城市不透水层提取方法"获得2018年中国专利优秀奖。

本书的编写得到了加拿大多伦多大学陈镜明院士和柳竞先教授、中国北京大学童庆禧院士、中国武汉大学李德仁院士和龚健雅院士、美国地质勘探局（United States Geological Survey，USGS）的George Xian、美国纽约州立大学王乐教授、前国际摄影测量与遥感协会（International Society for Photogrammetry and Remote Sensing，ISPRS）主席Orhan教授、荷兰国际地理信息科学与地球观测学院（Faculty of Geo-Information Science and Earth Observation，ITC）Van Genderen教授的指导，夏军院士对本书中不透水面在长江大保护中的应用给予了指导，中国科学院地理科学与资源研究所周成虎院士为作者提取全国2m分辨率不透水面提供了多个省份的高分遥感影像，作者对以上专家的指导和帮助表示衷心的感谢！本书在出版过程中得到科学出版社的大力支持，谨在此一并致谢。

由于作者学识水平和写作时间所限，书中难免存在不足之处，欢迎读者批评指正。

邵振峰

2020年12月15日于珞珈山

# 目　录

# 第1章　多尺度不透水面信息遥感
## 提取的科学问题和挑战

  不透水面(impervious surface area，ISA)通常是指地表水不能直接渗透的自然或人工表面，如果考虑不透水材质的厚度，也可称其为不透水层。自然不透水面主要指不透水岩石，不透水岩石组成的岩层称为隔水层。人工不透水面很多，主要由水泥、沥青、金属、玻璃等不透水材质构成，用于建设房屋、道路、停车场和广场等人工目标。

  不透水面主要分布在城市。当前，全球仍处于进一步城市化的进程中，可以预见的趋势是城市不透水面的总量还会继续增加。不透水面的增多对城市环境有着多种直接或间接的影响，如增加地表径流、增大市政排水和城市防洪压力、增强城市热岛效应等，间接加剧水质恶化；不透水面的变化也直接反映城市的发展和扩张，不透水面的时空分布模式是城市设计和规划部门所需要的重要信息，透水率、不透水率是海绵城市规划的控制性指标。因此，准确掌握不透水面的时空分布格局和演变规律有助于城市土地的科学规划和利用、城市群的协调发展和流域生态环境的系统研究，可为未来城市和区域发展规划提供科学依据。

  本章介绍多尺度不透水面信息的科学价值，总结城市不透水面信息遥感提取技术和产品的发展历程，探讨多尺度不透水面信息遥感提取的科学问题，分析不透水面信息高精度遥感提取所面临的技术难题。

## 1.1　多尺度不透水面信息的科学价值

  不透水面信息不仅反映了城市化导致的土地利用和土地覆盖变化(land-use and land-cover change，LUCC)，也影响着由城市 LUCC 所引起的城市生态环境的变化。

  如图 1-1 所示，道路、建筑物屋顶和停车场是人工不透水面的三类主要来源。不透水面作为一种典型的地表覆盖，不仅物理意义明确，而且不透水率可以有效地描述地表的空间渐变特征，同一土地利用类型所对应的不透水面覆盖度一般在某个连续的范围内取值，而不同土地利用类型所对应的不透水面覆盖度的取值范围一般不同(高志宏 等，2010)，因此城市多尺度不透水面信息主要具有三方面的科学价值。

### 1. 城市不透水率是城市化的指示指标之一

  一方面，可以通过对城市不透水面的监测来了解城市地表覆盖的变化过程，另一方面，可通过不透水面的大小初步了解城市生态环境的变化趋势。城市不透水面具有蓄热能力强、蓄水能力差以及阻碍气流传输等特点，影响了城市的地表水文循环、能量分布和生物多样性，还会带来非点源污染，城市不透水面的不合理增加是城市生态环境变化的重要原因。

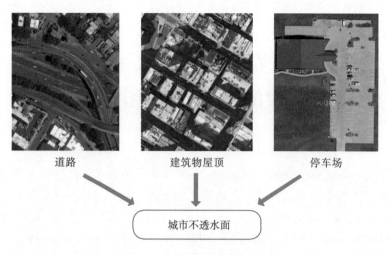

道路       建筑物屋顶       停车场

城市不透水面

图1-1 人工不透水面的来源

天然的地表犹如一个海绵体，透水性很好。随着城市化进程的加快，不透水面逐渐增多，主要表现为不透水面范围的扩大和不透水率的增大。图1-2为自然地表、乡村、城镇和大都市的不透水面分布变化对地表产流再分配的影响。从图1-2可以看出，不透水面占比不但是城市化的显著特征，也是城市生态环境和社会发展状况的重要衡量指标，不透水面的变化从根本上改变了地表产流的再分配。

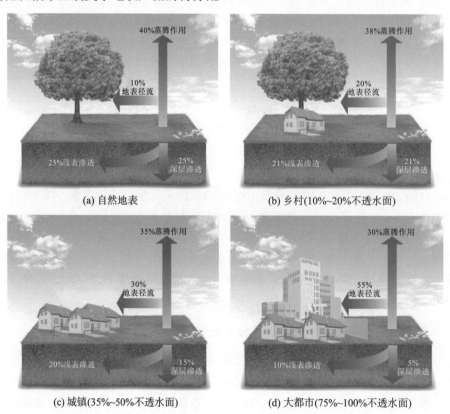

图1-2 不透水面分布变化对地表产流再分配的影响

作为城市化的显著特征之一，不透水面被定义为地表水不能渗透的硬质表面（Slonecker et al., 2001）。不透水面是城市的基质景观，并主导着城市的景观格局与发展过程（刘珍环 等，2010）。降水在不透水面覆盖地区难以通过树木冠层截留蒸发重新返回大气或以入渗方式进入土壤，导致通过地表汇流进入河湖网络的水量占比增加（图 1-2）。与此同时，区域不透水面变化会影响病原体等非点源污染物的扩散，对城市居民的健康构成潜在威胁。与植被等自然下垫面相比，不透水面具有较强的太阳辐射吸收能力，同时所吸收能量的一部分又会以长波的形式向外辐射，显著改变城市内部的热环境（王浩 等，2013），进而引发或加剧热岛效应（Li et al., 2011）。由于不透水面对城市环境具有一系列重要影响，同时其所涵盖的典型地物如建筑、道路、停车场等都是人类对于自然土地覆盖类型的改造结果，因而不透水面被认为是衡量城市化水平和环境质量的关键指标参数（匡文慧 等，2011）。

城市是人类生产和生活的主要场所，也是人类对生态环境影响最为剧烈的区域（Seto et al., 2012）。城市化（urbanization）这一概念最早在 19 世纪由西班牙工程师塞达（Serda）在其著作《城市化基本理论》中提出，用于描述从乡村到城市的基本演化过程。作为一种全球性现象，城市化发轫于工业革命时期并随着社会经济的发展逐渐为人们所熟知。由于所涉及的相关学科较多和城市化过程本身的复杂性，迄今为止科学界对城市化仍未有统一标准的定义解释（韩贵锋，2007；苏世亮，2013）。黄金川和方创琳（2003）将城市化简要概括为经济发展、人口增长、城市扩张和生活水平提高四个方面。Kromroy 等（2007）则选择了不透水面面积、建成区面积以及人口数量三个要素对美国明尼苏达双城地区城市化进行定量评估。尽管不同研究对城市化的描述存在差异，但城市化进程与生态环境之间存在着联系且相互影响的观点已被普遍接受（刘耀彬 等，2005）。

Seto 等（2012）的研究表明，若维持目前的发展态势，至 2030 年，全球新增城市面积将达到 120 万 km$^2$，其中几乎一半的贡献来自亚洲，尤其是中国和印度等发展中国家。中国是全球最大的发展中国家，同时也是受城市化影响最为显著的国家之一。据中国国家遥感中心《全球生态环境遥感监测 2013 年度报告》，截至 2010 年，我国的城镇总面积为 16.1 万 km$^2$，仅次于美国，位居全球第二位。2000～2010 年我国城镇面积的增长率达到了 11.17%，在全球所有国家中排名首位。我国的一些区域如长江三角洲、珠江三角洲、京津冀城市群等已成为全球城市化热点地区。快速的城市扩张所带来的直接结果是土地利用/土地覆盖类型改变，突出表现为农地、林地、自然水域面积的萎缩（淡永利 等，2014）和不透水面的持续增加（匡文慧 等，2013；Liu et al., 2013）。

### 2. 不透水面的占比及其空间分布是城市生态环境的指示指标之一

全球地理变化是来自各种类型和各种尺度的地理单元生态系统变化的累计效应和交互作用效应的总体反应。自工业革命以来，全球地理变化正在以前所未有的态势影响着地球各圈层的物质能量交换，进而有可能从根本上改变全球碳水循环在长期自然演化中所形成的动态平衡状态（Xie et al., 2015）。不透水面的占比及其空间分布影响着城市的水文效应和微气候的变化，可用于城市水文和微气候建模分析。因此，多尺度不透水面同土壤饱和度一样，可作为径流系数、基流模拟的重要参数，也是城市暴雨径流模型中的关键因子。当前的海绵城市规划中,已使用米级和分米级分辨率的不透水面成果来精确计算水文模型中的具体参数,实现对地表径流和管网流量的合理控制与规划。不透水面以其特有的物理特性影响着城市的温度、蒸散发和土壤含水量,在城市的微气候中扮演着重要角色,通过不透水面变化监测分析可对城市的微气候进行预测。

不透水面扩张作为由人类活动主导的全球土地覆盖变化的重要表现形式,其时空变化趋势和对陆地碳水通量的影响机制是目前全球环境变化研究的热点内容(Seto et al.,2012)。在流域和区域尺度上,不透水面扩张带来的直接结果是土地覆盖类型的改变,进而导致陆地生态系统功能退化。对于碳通量,绿色植物的减少直接影响生态群落光合作用产能,生态系统的碳吸收功能会受到干扰甚至被逆转,从碳汇转变为碳源。对于水通量,植被的减少使本应被冠层截留的水分以降水的形式落到地表,与难以下渗的地表径流一起汇入河湖网络,导致区域蒸散量下降,生态系统的水分涵养能力被削弱。因此,深入了解不透水面扩张对陆地生态系统碳水通量的影响,对有关各方制定可持续发展战略和应对全球性变化都具有重要科学意义。

在区域尺度上,不透水面扩张对陆地生态系统碳水通量的影响涉及复杂的陆表物质能量交互过程与植物生理机制。在城市尺度上,不透水面扩张会影响城市地表产流的再分配,也会影响地表汇流峰值的到达时间。

图 1-3 为武汉市 1998 年内涝场景,近年来武汉市每年都会发生不同程度的内涝,全国出现内涝的城市也越来越多。图 1-4 为武汉市汉口 2015 年 7 月 23 日降雨渍水分布图,可以看出,渍水点较多。

目前,越来越多的城市发生内涝,内涝的次数和频率都很高。主要原因就是城市每天都在发生变化,这种变化主要是透水面转变为不透水面。图 1-5 为武汉市 1987~2020 年的长时间序列不透水面信息遥感提取图,从该图可以看出,随着城市的发展,红色代表的不透水面面积整体呈现增大趋势,而绿色代表的透水面面积有所减小。

图 1-3   武汉市 1998 年内涝场景

图 1-4　武汉市汉口 2015 年 7 月 23 日降雨渍水分布图

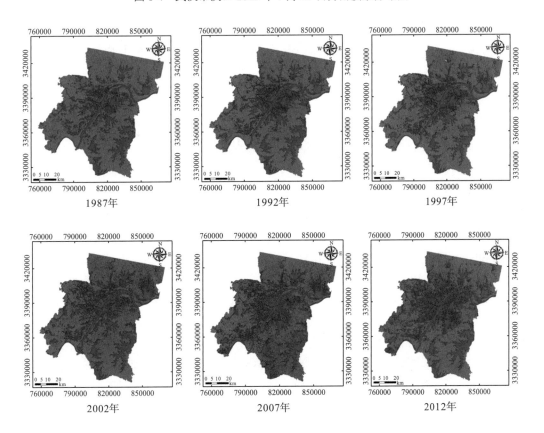

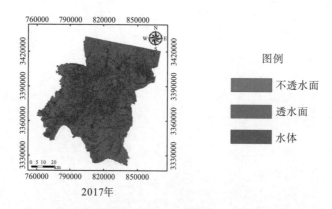

图 1-5　武汉市长时间序列不透水面信息遥感提取图

3. 时间序列不透水面监测是对城市可持续发展的定期体检

不透水面作为城市化水平的标志，与城市社会经济、生态环境有密切的联系。基于遥感的不透水面信息提取精确结果，结合与城市发展相关的社会经济要素和生态环境数据，可以分析城市化的空间格局分布，进行相关性分析和发展状况评价。

多尺度不透水面是衡量城市生态环境状况的一个重要指标，它可以用来检测城市中生态环境的变化以及人与自然的和谐状况，如城市土地利用分类、居住人口评估、城市利用规划和城市环境评估、地表径流和热岛效应等；为海绵城市规划和监测提供基础数据支撑，区域面积、几何及空间分布、透水面和不透水面的比例等指标在城市化进程及环境质量评估中具有重要的应用价值。因此，研究基于高分辨率遥感影像的城市不透水面信息提取和变化检测具有十分重要的理论和应用价值，可为城市发展状况分析提供一种有效的监测手段。

## 1.2　不透水面信息遥感提取技术和产品发展历程

20 世纪 50 年代，不透水面的概念首先被城市规划者提出。20 世纪 60～70 年代，不透水面在水文领域开始被研究。1998 年，马里兰大学利用 NOAA-NVHRR 开发完成全球 1km 分辨率的土地覆盖数据库。高分辨率 IKONOS 影像在城市不透水面提取中得到广泛运用（Cablk and Minor，2003；Wu and Murray，2003；Lu and Weng，2009；Mohapatra and Wu，2010）。2016 年 9 月，陈军研究团队针对联合国《2030 年可持续发展议程》《气候变化框架公约》和"一带一路"建设等重点需要，设计研制 2015 版 GlobelLand30 数据，类型进一步细化，并逐步实现动态更新。2017 年，邵振峰研究团队提出了图谱信息融合的不透水面提取模型，实现了基于深度学习的不透水面提取新方法，研制了不透水面遥感全流程提取和监测软件，基于多源高分辨率遥感影像首次完成了中国 31 个省（自治区、直辖市）的 2m 分辨率不透水面专题信息提取，形成全国不透水面一张图（邵振峰 等，2018）（图 1-6）。Gong 等（2020）完成了全球高空间分辨率（30m）人造不透水面逐年动态数据产品（annual maps of global artificial impervious area，GAIA）（1985～2018 年），并揭示了全球主要国家和地区的城市化速率差异，为全球城市化研究提供了重要的基础数据。图 1-6 显示了城市不透水面信息提取产品发展历程。

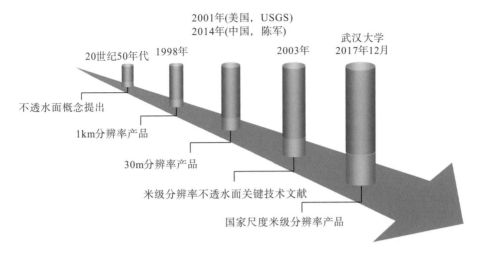

图 1-6 城市不透水面信息提取产品发展历程

下面分别从谱特征、图特征、图谱特征相结合三个方面来分析多尺度不透水面信息遥感提取的现状和发展动态。

## 1.2.1 基于谱特征的不透水面信息遥感提取现状和发展动态

许多学者深入研究了遥感影像的不透水面谱特性，创建了多个不透水面信息提取指数。徐涵秋(2008)综合利用多种遥感光谱指数对福州市城区的不透水面分布进行提取并取得较好效果。Xu(2010)基于 Landsat 影像和 ASTER 影像提出一种归一化差值不透水指数来提取不透水面。Deng 和 Wu(2012)基于缨帽变换后的亮度、绿度和湿度分量构建得到了生物物理组分指数，可有效提高不透水面与植被的可分性。Liu 等(2013)结合夜光、热红外和光学遥感影像提出了改进型不透水面指数。Kaspersen 等(2015)综合利用归一化植被指数和土壤调节植被指数提取亚像素级不透水面覆盖率。Sun 等(2016)提出一种联合建筑物指数，并在多种遥感影像上验证了不透水面信息提取的有效性。基于已有的光谱指数，Zhang 等(2017)综合利用地表温度指数、生物物理组分指数和植被覆盖指数，提出一种基于光谱特征利用密集时序影像数据提取区域尺度不透水面信息的方法，该方法基于时序相似性度量和决策树分类方法来提取不透水面信息。

在基于谱特征的不透水面提取模型方面，混合像元分解模型被普遍应用到不透水面信息提取中。该模型以单个像元的反射率来表示端元反射率及其丰度的线性或非线性加权结果(李波 等，2012)。Deng 和 Wu(2013)提出自适应光谱混合分析模型提取亚像元层面的不透水面信息。匡文慧等(2014)利用线性混合像元分解模型对中国与美国大都市区城市内部的不透水面结构时空差异进行了分析。岳文泽和吴次芳(2007)基于线性混合像元分解模型对上海市的高低反照率不透水面信息进行了提取并取得了预期效果。基于线性混合像元分解的提取方法虽然在研究中取得了良好效果，但是其对于像元不存在交叉反射的假设并不严格符合地表非朗伯性的真实情况。

鉴于线性混合像元分解模型的上述局限性，一些考虑端元间非线性关系的机器学习方法也被用于不透水面信息提取。程熙等(2011)综合比较了线性混合像元分解和支持向量机方法的不透水面信息提取精度，结果显示支持向量机方法在整体上较线性混合像元分解更优。Im 等(2012)基于人工神经网络和分类回归树模型利用多源遥感数据提取不透水面，结果显示提取误差随着遥感影像空间分辨率的上升而有所减小。Du 等(2015)利用线性光谱混合模型和非线性反向传播神经网络提取不透水面丰度。Fan 等(2015)引入已有的光谱指数，提出一种改进的线性光谱混合分析方法来估算不透水面丰度信息。Li 等(2016)利用线性混合像元分解、决策树分类和后处理的混合方法提取杭州城区不透水面信息。Yang 和 He(2017)利用"植被-亮不透水面-暗不透水面"的线性混合像元分解模型在 WorldView-3 高分影像上提取不透水面信息。

近年来大量涌现的高光谱遥感影像使得可用于不透水面提取的谱信息更加精细化。Weng 和 Hu(2008)综合比较了不同遥感数据源的不透水面信息提取效果，结果显示采用高光谱影像能够提高不透水面信息提取精度。唐菲和徐涵秋(2014)基于 Hyperion 影像在福州、广州和杭州开展不透水面提取实验并认为 Hyperion 高光谱影像反演不透水面的能力优于多光谱影像，而利用特征波段构成的重构式高光谱影像则具有最高的反演精度。刘帅和李琦(2016)结合空间-光谱组合核函数和支持向量回归，提出了一种提取高光谱影像不透水面丰度的改进算法，有效提高了城市不透水面信息提取精度。

基于光谱信息的不透水面信息提取方法虽然已取得不少研究成果，然而不透水面并不属于某一类单一地物，而是包含多种不同材质的地物单元。城市道路多为水泥路和柏油路，少量城市道路采用大理石，其反射光谱曲线形状大体相似，然而道路易受树木、车辆、建筑物及其阴影等的影响，导致道路表面光谱特征分布不均匀和边界模糊，其光谱信息呈现不同程度的叠加。建筑物屋顶材料种类有水泥、琉璃瓦、石棉瓦、烧制瓦、颜料图层、沥青等，不同建筑材料构成的光谱特征不同，如石棉瓦屋顶反射率最高，绿色图层的建筑物屋顶波谱曲线与植被类似。因此，城市道路和建筑材质的复杂多样化导致遥感影像上不透水面光谱特征的多样化，进而带来同物异谱、同谱异物问题(Weng and Hu，2008；徐涵秋和王美雅，2016)，仅通过光谱信息难以有效解决不透水面提取问题。

## 1.2.2　基于图特征的不透水面信息遥感提取现状和发展动态

随着传感器空间分辨率的提高，高空间分辨率的遥感影像逐渐被大量获取。高空间分辨率遥感影像具有地物边界清晰、图信息丰富的优点，更加有利于城市精细尺度的不透水面信息提取。已有的基于高空间分辨率遥感影像的城市不透水面信息提取多采用面向对象的影像处理方法，即首先将影像进行分割得到单元对象，再根据对象建立分类准则(Lu et al.，2011b)。孙志英等(2007)采用多尺度分割和面向对象分类方法，从 10m 空间分辨率的 SPOT5 影像上提取不透水面信息。Zhou 和 Wang(2008)提出一种多代理分割和分类算法，引入对象的形状信息，提高不透水面的提取精度。李彩丽等(2009)采用面向对象方法，从 IKONOS 影像上提取不透水面信息，初步解决了阴影和植被覆盖问题，提高了不透水面信息的提取精度。Lu 等(2011a)融合基于像素的分类方法和面向对象的分割算法，从 QuickBird 影像中提取不透水面信息，能有效解决基于像素的分类方法导致的椒盐噪声问题。Hu 和 Weng(2011)提出一种基于对象的模糊分类方法，并将其应用到 IKONOS 影像中提取不透水面信息，取得较好效果。Li 等(2011)针对高分辨率影像提出一种分层的影像分割方法，该方法结合了多通道分水岭变换和分水线动态，其不透水面提取精度优于单层分割的基于对象的分类方法。Liu 等(2013)采用层次分类的思想进行不透水面信息的提取，如破碎的路面采用灰度共生矩阵异质度和对象周长的特征进行基于模糊数学的分类。

由于高空间分辨率遥感影像可以展现非常精细的地表目标，其图特征在以面向对象分割和分类为主要技术的不透水面信息提取方法中极大提升了城市不透水面信息提取的准确性和精细度。然而，不透水面空间表现形式多样，不同尺度下的不透水面几何特征具有很大差异，并且不透水面之间相互遮挡，存在噪声和阴影问题，导致所要甄别的信息量增大，客观上限制了高分辨遥感影像中不透水面的精细化提取。

## 1.2.3　基于图谱特征相结合的不透水面信息遥感提取现状和发展动态

遥感数据从本质上就具有图谱合一的特性。图特征表现了地理信息空间属性与类型属性之间的复杂耦合关系，可以解决遥感信息关于"在哪"的问题。谱特征表现的是地物类型属性在光谱相关维度上的详细展示，可以解决遥感信息关于"是什么"的问题。遥感信息图谱是"图"与"谱"的综合，即同时反映与揭示地物现象在光谱特征、空间结构上的表现。陈述彭等(2000)首先提出了地学信息图谱方法论，在此基础上骆剑承等(2009)提出了遥感信息图谱计算方法，并以此指导遥感自动解译实际算法。夏列钢等(2014)在前人研究的基础上设计了适用于遥感影像的图谱认知流程，并将地学图谱分析有机融入此流程，进一步提高了遥感信息提取的精度与效率。Yu 等(2016)设计了利用距离度量学习(distance metric learning，DML)和支持向量机(support vector machine，SVM)混合的方法，基于空间-光谱特征在 ZY-3 影像上提取不透水面信息。Shao 等(2016)利用光学影像和 SAR 影像，提出了一种基于光谱和空间特征决策级融合的城市不透水面提取方法。由于城市不透水面本身具有多重性、复杂性等特点，长期以来，对城市不透水面信息的遥感提取都停留在孤立特征使用的基础上，这实际上是对遥感影像所蕴含信息的不完全利用(Weng and Pu，2013；程熙 等，2013)。尽管图谱协同已在遥感认知中得到了初步的实践，但对于空间和光谱异质度高、地物类型复杂的城市不透水面信息提取，相关的方法还较少，研究并不深入。

当前单一基于光谱或基于空间信息的不透水面信息提取方法缺乏对遥感影像图谱信息的深入挖掘与协同利用。针对这一科学问题，本书以融合多源高分辨率遥感影像的光谱和空间特征为出发点，研究图谱特征逐层融合的多分类器集成不透水面信息提取模型，为高效准确地获取城市不透水面细节信息探索一条切实可行的途径。

# 1.3　多尺度不透水面信息遥感提取的科学问题

对不透水面的研究始于20世纪50年代的城市水文学研究。早期的不透水面研究工作主要以实地调查和统计为主，可用的数据源较为有限。这种通过地面调查和人工解译得到的不透水面信息虽然在局部点上精度较高，但仅适用于小范围地区。遥感卫星由于具有面域和重复对地观测能力，近年来被广泛应用于不透水面研究，并被认为是目前唯一可获取大面积不透水面信息的技术手段(Lu et al., 2014)。

## 1.3.1　不透水面"地物-材质"信息表达模型

城市不透水面的特性不仅仅与土地利用类型相对应，还与地物的材质有关，因此，不能简单通过土地利用类型分类来解决，而应该发展提取"地物-材质"的有效方法。例如，以广州市实测的城市典型"地物-材质"光谱曲线(图1-7)为例，城市道路具有多种材质类型，包括水泥、沥青、大理石、砂石等。其中，水泥、沥青和大理石为不透水面，砂石为透水面。未来海绵城市建设中越来越多的道路和人行道都将建设为透水性路面，传统的仅基于图特征提取道路，进而实现提取不透水面的技术路线是不可行的。

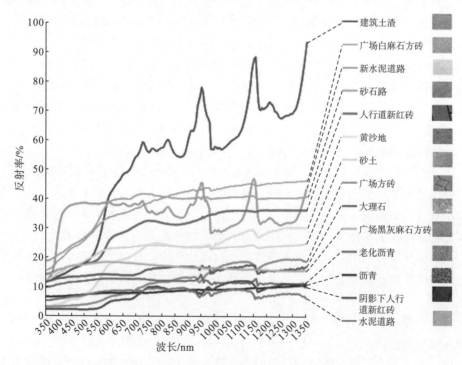

图1-7　广州市部分典型"地物-材质"光谱曲线

城市不透水面信息的提取并不是一个纯粹的遥感影像分类问题或单一的土地利用/覆盖问题，它与城市规划和发展形态、城市建设所使用的材质等相关，仅使用高分辨率影像的图特征或谱特征来提取城市不透水面信息具有很大的不确定性，需要融合城市"地物-材质"的空间特征和光谱特征才能解决城市不透水面信息提取问题。

面向城市复杂区域，本书提出了图谱耦合的城市不透水面描述模型，将传统的面向对象提取模型发展为"地物-材质"图谱特征对象异质度（$f$）描述模型，该模型采用"图匹配、谱修正"的方式，综合应用高分遥感中的图信息与谱信息，并综合应用多种特征实现不透水面信息的精确提取，其描述模型可抽象为

$$f = w_{spectral} \times h_{spectral} + w_{spatial} \times (h_{shape} + h_{texture} + \cdots + h_{edge} + h_{semantic}) \tag{1-1}$$

式中，$h_{spectral}$ 表示影像光谱特征；$w_{spectral}$ 为光谱特征的权重系数；$h_{shape}$、$h_{texture}$、$h_{edge}$ 和 $h_{semantic}$ 分别为影像的形状特征、纹理特征、边缘特征和语义特征；$w_{spatial}$ 为空间特征的权重系数。

## 1.3.2　基于遥感技术提取不透水面信息的尺度效应问题

尺度问题是地理信息科学中的基本问题。尺度特征是空间对象的基本特征，地学尺度主要包括空间尺度和时间尺度。随着尺度的变化，多尺度对象的空间维数、形状、空间结构的改变，使得多尺度对象间的几何信息也随之发生变化。因此，针对不透水面信息提取需求，研究遥感影像数据中不透水面地物的尺度效应，并讨论如何构建基于不透水面信息提取的地物尺度效应模型是本书拟解决的一个关键科学问题，同时也是后续研究的前提与基础。

当前研究不透水面提取的需求包括全球尺度、区域尺度、流域尺度、城市群尺度、城市尺度、景观尺度等。不同尺度采用不同的数据源，如何实现多尺度成果间的一致性判断，是需要研究的科学问题。

尺度特征是空间对象的基本特征之一。遥感影像是对地观测数据，它与像元紧密相关，尺度的改变必然引起影像内部结构的改变。针对不透水面信息的提取，空间分辨率不同，其地物的特征表现存在一定差异。为了研究影像尺度与不透水面地物提取之间的关系，应分析不同尺度影像信息和地物样本可分离度，构建针对不透水面信息提取的遥感尺度效应模型，分析不透水面各地类在对应尺度下的显著性特征。

城市不同形态形成了不同的不透水面空间分布规律，单一尺度的不透水面信息提取必然会出现过分割或者分割不完全的情况。不同类型的不透水面具有其最适宜的分割尺度，为保证不透水面信息提取的精细化程度，正确反映城市复杂地表不透水面地理空间分布格局，需要了解不透水面信息随分割尺度变化的效应。因此，不透水面尺度确定与各层次不透水面最优尺度选择成为同质区对象提取要解决的基本问题，如何确定多特征异质度准则，使各尺度的同质分割达到最优化的程度，从而实现不透水面特征的多尺度表达，是需要研究的科学问题。

由于尺度效应，影像特征在不同空间分辨率遥感影像上并不完全一致，需要根据研究的目的和适用的遥感数据源设计或选择不同的不透水面信息提取方法。图 1-8 反映了在不同空间尺度上不透水面信息提取适用的影像特征和主流算法。在局部和景观尺度上，不透水面信息的提取往往转化为高分辨率遥感影像的二值分类问题。当空间尺度为城市或区域

时，主要选用 Landsat TM/ETM+、Hyperion、SPOT、环境 HJ 卫星等中等分辨率遥感影像作为数据源。基于 MODIS 等粗糙分辨率遥感影像的不透水面信息提取方法则常用于国家乃至全球范围的不透水面信息估算与制图。

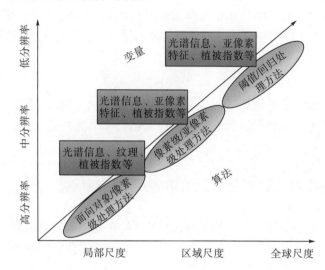

图 1-8　不同空间尺度上不透水面信息提取适用的影像特征和主流算法

## 1.4　多尺度不透水面信息遥感提取的技术难题

当前全球城市化的趋势在进一步加剧，城市规模仍在继续扩大。不透水面被认为是衡量城市生态环境状况的一个重要指标，不透水面的大规模扩张导致城市生态系统受到影响，从而引发一系列生态问题。高精度的不透水面信息是城市水文建模和环境规划的重要参数，不透水面的面积、空间分布等指标是构建海绵城市的基础数据。长期以来由于缺乏这一专题信息，城市规划和管理部门在建模时通常用经验值来代替，影响后续的辅助决策。采用遥感技术来提取不透水面信息具有低成本、可快速更新等优势。目前，要从遥感影像中自动提取高精度不透水面信息，仍需要攻克诸多方面的难题，主要包括：多传感器或多航带影像色调不一致问题、遥感影像云遮挡问题、高分辨率遥感影像中高层建筑物的阴影遮挡问题、城市植被遮挡问题、同物异谱和异物同谱问题、城市复杂场景多尺度不透水面信息自动提取难题。

### 1.4.1　多传感器或多航带影像色调不一致问题

受传感器镜头畸变、大气条件、地形等因素的影响，卫星传感器获取的遥感影像可能出现光谱偏差和云雾覆盖，导致地物的光谱信息发生改变；受硬件条件的限制，只能获取低分辨率的多光谱影像和高分辨率的全色影像，各自的信息量有限。大面积影像处理时涉及多时相拼接问题。多时相往往造成错误提取：冬季植被与夏季植被会被分为不同类别。上述问题都与不同时相影像拼接问题相关，因此如何通过影像融合、特征提取等方式提高影像信息量是开展大面积高分辨率不透水面信息提取需要研究的首要问题。

　　影像色调差异较大会影响提取效果，因为同一地物在色调差异很大的两幅影像上的光谱特征是不同的，如图 1-9 显示了同一传感器在不同年份获取的同一地区的遥感影像，图 1-10 显示了不同航带造成的色调差异。为了解决该问题，实际操作时通常将色调差异大的影像分开处理。此外，也可以通过选取同一传感器的同期影像作为拼接影像来解决这一问题。

(a) 影像获取时间为2007年　　　　　　　　　　(b) 影像获取时间为2010年

图 1-9　影像获取时间不同造成的色调差异

图 1-10　不同航带造成的色调差异

　　由于高分辨率不透水面信息提取依赖影像的光谱、纹理、形状、语义等低层与高层特征，这给高效提取不透水面信息带来了困难。因此，如何提高影像的亮度和对比度，有效地恢复影像的光谱偏差，去除云雾影响，提高多光谱影像的空间分辨率，降低光谱损失，为影像提取提供更丰富的可供查询的空间特征与光谱特征，是遥感影像处理需要解决的重要问题。

### 1.4.2　遥感影像云遮挡问题

　　由于云层遮挡，太阳光很难到达地球表面，从而在影像上形成了"盲区"，如图 1-11 所示。当地物被云层所遮挡时，卫星传感器不能接收到地物的反射信号，造成获取的遥感影像不清晰，甚至无法读取，极大地阻碍了遥感影像的应用。因而云检测在影像预处理中有着非常重要的地位。与此同时，准确地识别遥感影像中的云还能为航空航天对地观测数据管理部门删除无用影像和发布可用影像提供依据。剔除云覆盖率较大的无用遥感影像可以缓解数据传输的压力，帮助用户更高效地选择数据源，进而提升遥感影像数据的利用价值。然而，由于云在遥感影像上变化多样，且没有固定形状，因此精确地提取遥感影像上的云依旧是当前面临的一个重要挑战。

(a) 厚云　　　　　　　　　　　　　　　　　　(b) 薄云

图 1-11　包含厚云与薄云的遥感影像

### 1.4.3　高分辨率遥感影像中高层建筑物的阴影遮挡问题

　　高分辨率遥感影像具有地物细节清晰、空间信息丰富等特点，其分析、处理及应用逐渐成为遥感技术领域的重要发展方向之一。城市不透水面的分布情况是生态环境的重要标志，高分辨率遥感影像逐渐成为精细尺度下城市不透水面信息提取的重要数据来源。但是，高分辨率遥感影像中存在大量的阴影，导致阴影区域的辐射信息缺失，造成后续影像解译过程更加困难、处理结果精度降低。因此，高分辨率遥感影像的阴影提取是高分辨率遥感影像数据预处理的重要步骤。

　　从图 1-12 可看出，高分辨率遥感影像上有明显的阴影投影到路面上，使得该处光谱反射率较低，难以识别该处地物。结合以往采集的街景地图，可以看出该处行道树下为不透水面。

### 1.4.4　城市植被遮挡问题

在水系较多的区域,河流通常是环山的。但是山体植被过于茂盛或者山体阴影较大时,会遮挡河流,导致提取结果中河流不连续。同样地,高大的山体也会带来阴影问题。在贵州、四川、广西等地,由于存在较多的山脉、环山河流等,在山体的背阳面会形成较大阴影面,使得山体背面的植被提取和河流提取精度受到影响。图 1-13 的左图显示了遥感影像上植被茂密的区域,右图为树木遮挡产生的阴影。

图 1-12　卫星遥感影像上的阴影及树木遮挡

图 1-13　卫星遥感影像上的树木遮挡

### 1.4.5　同物异谱和异物同谱问题

道路和房屋都是不透水面的典型类别,道路在提取过程中容易与裸土、细长田埂混淆,其遥感提取精度极大地影响不透水面信息的提取精度。作者曾实测图 1-14(a)所示遥感影像中不同道路、房屋、裸土的光谱,得到如图 1-14(b)所示的光谱特征,说明存在同物异谱和异物同谱问题。

同物异谱与异物同谱在判读中难以直接定性，主要是由地物综合光谱信息（混合像片）、区域环境背景差异及图像处理等因素造成的。地物相互之间的混淆是对提取结果影响较大的一个问题，主要包括裸土与建筑物的误分、水体与不透水面的误分、阴影和水体的误分等。

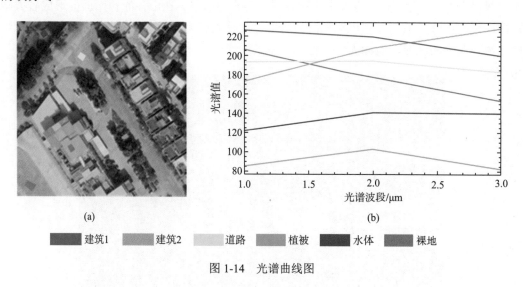

图 1-14　光谱曲线图

在水体分类问题中采用生物物理组分指数（biophysical composition index，BCI）、归一化水体指数（normalized difference water index，NDWI）等有较好的分类效果，但是水体的纹理特征、光谱特征与阴影光谱相似度较高，造成水体与阴影的混淆。不仅仅是指数方法无法区分，利用指数与监督分类结合的方法也无法解决这一问题，因此，该问题需要进一步研究。

植被分类问题常用指数是归一化植被指数（normalized difference vegetation index，NDVI），但是单凭 NDVI 依旧会使植被与低反照率建筑混淆，在处理这一问题时，考虑到建筑各波段标准差较大这一特征，利用两个波段标准差乘积扩大这一差异，使植被与建筑分类更可行。

道路作为不透水面的典型类别之一，其精度极大地影响不透水面成图的质量和精度。道路在分类过程中容易与裸土、细长田埂混淆。为了提高道路分类精度，考虑到密度这一特征能有效区分细长对象，在利用该指数进行分类时解决了道路与块状裸土之间的混淆问题。但有待解决的问题是，从影像来看，细长田埂和较暗的道路很难区分，即便使用人工判别依旧可能错分。因此，如何提高道路提取效果仍需继续研究。

为建设海绵城市，城区不透水面信息提取的主要问题是道路和建筑，城区建筑存在明显的区域聚集性，而利用指数进行分类时，分类结果较为离散，存在明显的漏分和错分问题。在实际处理过程中，为保证建筑分类精度，往往使用人工调整分类结果，以改善错分和漏分问题，但这一步骤也是直接影响指数分类效率的主要原因。因此，提高建筑分类精度是接下来的主要研究问题之一。而西部戈壁沙漠荒山地区面积很大，多为无人区，基本上属于透水面。穿越境内的有道路、铁路、桥梁、水系或者散落的居民点。单纯使用遥感影像很难精确提取，且耗费大量时间和精力。

### 1.4.6　城市复杂场景多尺度不透水面信息自动提取难题

面对海量的遥感数据，传统的人工设计特征的策略已不再适用。为了从海量遥感数据中快速而准确地提取到所需信息，实现自适应的特征学习是必要的。因此需要研究基于深度学习模型等人工智能处理方法。

近些年，深度学习技术已引起学术界的广泛关注，并逐渐成为遥感影像场景分类和特征提取等领域的研究热点。深度学习技术通过构造多层网络结构对图像内容进行逐级特征表达，能够实现特征的自适应学习。鉴于传统的基于低层视觉特征(如颜色或纹理等)的遥感影像提取技术存在依赖人工设计特征、特征表征能力差导致提取结果不理想等问题，应研究基于深度学习技术对复杂的遥感影像进行场景建模，通过自适应特征学习实现海量遥感影像的精确、快速、自动提取。

传统的图像特征提取都属于人工设计特征，不仅费时费力，而且学习的特征往往不足以表征复杂的遥感影像，所以有必要充分发挥遥感大数据的优势，研究一种无监督的自适应的特征学习方法。该方法以自编码器(auto-encoder)作为网络的基本结构，提取的图像局部特征作为网络输入进行训练。网络训练结束后，通过阈值函数对学习的特征进行稀疏化处理，以增强特征的线性可分性。相比现有的无监督特征学习方法，如自编码器等，作者提出的无监督特征学习方法能够直接学习整幅图像的局部特征，避免了通过卷积操作来计算整幅图像的特征。此外，以局部特征而非原始像素作为网络输入进行训练，学习的特征表达能力更强。

同时，需要研究如何利用卷积神经网络(convolutional neural networks，CNN)，将整个影像作为输入，并对影像做卷积和池化操作，最后，利用反卷积层对特征层进行反卷积运算，并使最后输出结果和原始输入具有相同的尺寸，得到最终的不透水面信息提取结果。

2019 年，作者团队的论文《遥感技术在不透水层提取中的应用与展望》入选第四届中国科协优秀科技论文，同时入选 2019 年中国精品科技期刊顶尖学术论文领跑者 5000。不透水面的科学价值，值得同行继续挖掘。

## 1.5　本书内容组织

本书探讨多尺度不透水面信息遥感提取模型与方法，全书共分为 8 章，各章内容安排如下。

第 1 章，多尺度不透水面信息遥感提取的科学问题和挑战。本章主要介绍不透水面的概念及其科学价值，并重点探讨多尺度不透水面信息提取的科学问题和技术难题。

第 2 章，不透水面信息遥感提取模型。本章系统地介绍 V-I-S 模型、不透水面信息提取光谱混合分析模型、面向对象分类模型、多源数据融合模型及深度学习模型。

第3章，全球和区域尺度不透水面信息遥感提取方法。本章从全球和区域尺度不透水面信息提取科学问题出发，系统研究各类全球尺度不透水面信息提取模型和方法，并以珠江三角洲和长江三角洲为例，展示基于多源遥感影像提取区域尺度不透水面信息的技术方案，并对模型进行验证。

第4章，流域尺度不透水面信息遥感提取方法。本章主要研究流域不透水面特征及有效的提取方法。针对流域建模和流域水文分析需求，构建流域不透水面信息提取模型，并以典型流域为例，展示基于多源遥感影像提取流域尺度不透水面信息的技术方案，并对模型进行验证。

第5章，城市尺度不透水面信息遥感提取方法。本章主要从构建海绵城市和生态城市需求出发，围绕多尺度不透水面信息提取的尺度问题，提出针对高分辨率多源时空数据的基于深度学习模型和融合图谱特征的不透水面信息提取新模型，并选择全球范围内的多个城市进行提取和对比分析。

第6章，景观尺度不透水面信息遥感提取方法。本章从城市景观尺度与景观指数计算需求出发，提出满足景观规划的高精度高分辨率不透水面信息提取模型。基于该模型，提出空-地协同的景观尺度不透水面信息提取新方法，并以武汉市海绵城市示范区老区改造和新区规划为例进行验证。

第7章，多尺度不透水面信息应用。本章从地理国情监测、长江经济带主体功能区规划、雄安新区规划、海绵城市规划和建设、生态环保建设等需求角度，展示多尺度不透水面信息应用的广阔前景。

第8章，多尺度不透水面信息提取模型和方法及应用展望。本章总结本书的研究内容和创新点，并展望多尺度多源遥感影像不透水面信息提取的新模型和新方法。

## 本章参考文献

陈述彭, 岳天祥, 励惠国, 2000. 地学信息图谱研究及其应用[J]. 地理研究, 19(4):337-343.

程熙, 沈占锋, 骆剑承,等, 2011. 利用混合光谱分解与 SVM 估算不透水面覆盖率[J]. 遥感学报, 15(6):1228-1241.

程熙, 沈占锋, 骆剑承,等, 2013. "全域-局部"不透水面信息遥感分步提取模型[J]. 遥感学报, 17(5):1191-1205.

淡永利, 王宏志, 杜兰,等, 2014. 湖北省耕地生态环境时空分异[J]. 湖北农业科学, 2014(5):1017-1020.

高志宏, 张路, 李新延, 等, 2010. 城市土地利用变化的不透水面覆盖度检测方法[J]. 遥感学报, (3): 593-606.

韩贵锋, 2007. 中国东部地区植被覆盖的时空变化及其人为因素的影响研究[D]. 上海: 华东师范大学.

黄金川, 方创琳, 2003. 城市化与生态环境交互耦合机制与规律性分析[J]. 地理研究, 22(2):211-220.

匡文慧, 刘纪远, 陆灯盛, 2011. 京津唐城市群不透水地表增长格局以及水环境效应[J]. 地理学报, 66(11): 1486-1496.

匡文慧, 刘纪远, 张增祥,等, 2013. 21 世纪初中国人工建设不透水地表遥感监测与时空分析[J]. 科学通报, 58(5/6): 465-478.

匡文慧, 迟文峰, 史文娇, 2014. 中国与美国大都市区城市内部土地覆盖结构时空差异[J]. 地理学报, 69(7):883-895.

李波, 黄敬峰, 吴次芳, 2012. 基于热红外遥感数据和光谱混合分解模型的城市不透水面估算[J]. 自然资源学报, 27(9):1590-1600.

李彩丽, 都金康, 左天惠, 2009. 基于高分辨率遥感影像的不透水面信息提取方法研究[J]. 遥感信息, (5):36-40.

刘帅, 李琦, 2016. 组合核支持向量回归提取高光谱影像不透水面[J]. 遥感学报, 20(3): 420-430.

刘耀彬, 李仁东, 宋学锋, 2005. 中国区域城市化与生态环境耦合的关联分析[J]. 地理学报,60(2):237-247.

刘珍环, 王仰麟, 彭建, 2010. 不透水表面遥感监测及其应用研究进展[J]. 地理科学进展, 29(9):1143-1152.

骆剑承, 周成虎, 沈占锋,等,2009. 遥感信息图谱计算的理论方法研究[J]. 地球信息科学学报, 11(5):5664-5669.

邵振峰, 张源, 黄昕, 等, 2018. 基于多源高分辨率遥感影像 2m 不透水面一张图提取[J]. 武汉大学学报(信息科学版), 43(12):156-162.

苏世亮, 2013. 流域生态系统对城市化的时空响应[D]. 杭州：浙江大学.

孙志英, 赵彦锋, 陈杰, 等, 2007. 面向对象分类在城市地表不可透水度提取中的应用[J]. 地理科学, 27(6), 837-842.

唐菲, 徐涵秋, 2014. 高光谱与多光谱遥感影像反演地表不透水面的对比——以 Hyperion 和 TM/ETM+为例[J]. 光谱学与光谱分析, 34(2):1075-1080.

王浩, 卢善龙, 吴炳方,等, 2013. 不透水面遥感提取及应用研究进展[J].地球科学进展, 28(3):327-336.

夏列钢, 骆剑承, 王卫红,等, 2014. 遥感信息图谱支持的土地覆盖自动分类[J]. 遥感学报, 18(4):788-803.

徐涵秋, 2008. 一种快速提取不透水面的新型遥感指数[J]. 武汉大学学报(信息科学版), 33(11):1150-1153.

徐涵秋, 王美雅, 2016. 地表不透水面信息遥感的主要方法分析[J]. 遥感学报, 20(5): 1270-1289.

岳文泽, 吴次芳, 2007. 基于混合光谱分解的城市不透水面分布估算[J]. 生态学报, 11(6):914-922.

Cablk M E, Minor T B, 2003. Detecting and discriminating impervious cover with high-resolution IKONOS data using principal component analysis and morphological operators[J]. International Journal of Remote Sensing, 24(23): 4627-4645.

Deng C，Wu C，2012. BCI：A biophysical composition index for remote sensing of urban environments[J]. Remote Sensing of Environment，127：247-259.

Deng C，Wu C, 2013. The use of single-date MODIS imagery for estimating large-scale urban impervious surface fraction with spectral mixture analysis and machine learning techniques[J]. ISPRS Journal of Photogrammetry and Remote Sensing，86：100-110.

Du P，Xia J，Feng L，2015. Monitoring urban impervious surface area change using China-Brazil Earth Resources Satellites and HJ-1 remote sensing images[J]. Journal of Applied Remote Sensing，9(1)：096094.

Fan F，Fan W，Weng Q，2015. Improving urban impervious surface mapping by linear spectral mixture analysis and using spectral indices[J]. Canadian Journal of Remote Sensing，41(6)：577-586.

Gong P, Li X, Wang J, et al., 2020. Annual maps of global artificial impervious area (GAIA) between 1985 and 2018[J]. Remote Sensing of Environment, 236: 111510.

Hu X，Weng Q，2011. Impervious surface area extraction from IKONOS imagery using an object-based fuzzy method[J]. Geocarto International，26(1)：3-20.

Im J，Lu Z，Rhee J，et al.，2012. Impervious surface quantification using a synthesis of artificial immune networks and decision/regression trees from multi-sensor data[J]. Remote Sensing of Environment，117：102-113.

Kaspersen P S，Fensholt R，Drews M，2015. Using Landsat vegetation indices to estimate impervious surface fractions for European cities[J]. Remote Sensing，7(6)：8224-8249.

Kromroy K, Ward K, Castillo P, et al., 2007. Relationships between urbanization and the oak resource of the Minneapolis/St. Paul Metropolitan area from 1991 to 1998[J]. Landscape Urban Plan,80(4):375-385.

Li L，Lu D，Kuang W，2016. Examining urban impervious surface distribution and its dynamic change in Hangzhou metropolis[J]. Remote Sensing，8(3)：265.

Li P, Guo J, Song B, et al., 2011. A multilevel hierarchical image segmentation method for urban impervious surface mapping using very high resolution imagery[J]. IEEE Journal of Selected Topics in Applied Earth Observations and Remote Sensing，4(1)：103-116.

Liu C, Shao Z, Chen M, et al., 2013. MNDISI: A multi-source composition index for impervious surface area estimation at the individual city scale[J]. Remote Sensing Letters, 4(8): 803-812.

Lu D, Weng Q, 2009. Extraction of urban impervious surfaces from an IKONOS image[J]. International Journal of Remote Sensing, 30(5): 1297-1311.

Lu D，Hetrick S，Moran E，2011a. Impervious surface mapping with QuickBird imagery[J]. International Journal of Remote Sensing，32(9)：2519-2533.

Lu D，Moran E，Hetrick S, 2011b. Detection of impervious surface change with multitemporal Landsat images in an urban–rural frontier[J]. ISPRS Journal of Photogrammetry and Remote Sensing，66(3)：298-306.

Lu D, Li G, Kuang W, et al., 2014. Methods to extract impervious surface areas from satellite images[J]. International Journal of Digital Earth, 7(2): 93-112.

Mohapatra R P, Wu C, 2010. High resolution impervious surface estimation: An integration of Ikonos and Landsat-7 ETM imagery [J]. Photogrammetric Engineering & Remote Sensing, 76(12): 1329-1341.

Seto K C, Guneralp B, Hutyra L R，2012. Global forecasts of urban expansion to 2030 and direct impacts on biodiversity and carbon pools[J]. Proceedings of The National Academy of Sciences of the United States of America, 109(40): 16083-16088.

Shao Z, Fu H, Fu P, et al., 2016. Mapping urban impervious surface by fusing optical and SAR data at the decision level[J]. Remote Sensing, 8(11):945.

Slonecker E T , Jennings D B , Garofalo D, 2001. Remote sensing of impervious surfaces: A review[J]. Remote Sensing Reviews, 20(3):227-255.

Sun G，Chen X，Jia X，et al.，2016. Combinational build-up Index（CBI）for effective impervious surface mapping in urban areas[J]. IEEE Journal of Selected Topics in Applied Earth Observations and Remote Sensing，9(5)：2081-2092.

Weng F，Pu R，2013. Mapping and assessing of urban impervious areas using multiple endmember spectral mixture analysis：A case study in the city of Tampa，Florida[J]. Geocarto International，28(7)：594-615.

Weng Q，Hu X, 2008. Medium spatial resolution satellite imagery for estimating and mapping urban impervious surfaces using LSMA and ANN[J]. IEEE Transactions on Geoscience and Remote Sensing，46(8)：2397-2406.

Wu C，Murray A T, 2003. Estimating impervious surface distribution by spectral mixture analysis[J]. Remote sensing of Environment，84(4)：493-505.

Xie X, Liang S, Yao Y，2015. Detection and attribution of changes in hydrological cycle over the Three-North region of China: Climate change versus afforestation effect[J]. Agricultural and Forest Meteorology, 203: 74-87.

Xu H，2010. Analysis of impervious surface and its impact on urban heat environment using the normalized difference impervious surface index（NDISI）[J]. Photogrammetric Engineering & Remote Sensing，76(5)：557-565.

Yang J, He Y，2017. Automated mapping of impervious surfaces in urban and suburban areas：Linear spectral unmixing of high spatial resolution imagery[J]. International Journal of Applied Earth Observation and Geoinformation，54：53-64.

Yu X，Shen Z，Cheng X，et al.，2016. Impervious surface extraction using coupled spectral–spatial features[J]. Journal of Applied Remote Sensing，10(3)：035013.

Zhang L, Weng Q, Shao Z, 2017. An evaluation of monthly impervious surface dynamics by fusing Landsat and MODIS time series in the Pearl River Delta, China, from 2000 to 2015[J]. Remote Sensing of Environment, 201(11):99-114.

Zhou Y，Wang Y Q，2008. Extraction of impervious surface areas from high spatial resolution imagery by multiple agent segmentation and classification[J]. Photogrammetric Engineering & Remote Sensing，74(7)：857-868.

# 第2章 不透水面信息遥感提取模型

本章重点论述不透水面信息遥感提取模型。作者以 1995 年 Ridd 提出的 V-I-S (vegetation-impervious-soil) 模型为出发点，分别总结了基于混合光谱分解的不透水面信息提取模型、不透水面信息提取指数模型和基于影像分类的不透水面信息提取模型，其中基于影像分类的不透水面信息提取模型又进一步细分为像元尺度不透水面分类模型、亚像元尺度不透水面分类模型和面向对象的不透水面分类模型。然后重点选取光学遥感影像图谱耦合的不透水面信息遥感提取模型、基于随机森林模型的不透水面信息提取模型，最后提出了基于深度学习的不透水面信息提取模型开展实践提取和分析，最后讨论了不透水面信息提取的尺度效应模型。

## 2.1 V-I-S 模型

早在 1995 年，Ridd 就提出了城市 V-I-S 模型 (图 2-1)，将具有强烈异质性的城市地表覆盖类型简化成由植被、不透水面和土壤三种组分组合而成 (水体另行处理)，为基于亚像元分解方法提取不透水面覆盖度提供了理论模型。

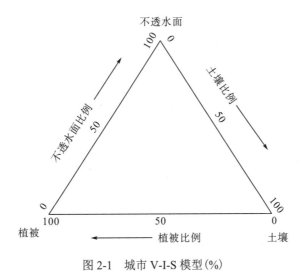

图 2-1 城市 V-I-S 模型 (%)

2017 年 11 月 1 日，原国家质量监督检验检疫总局和国家标准化管理委员会颁布实施《土地利用现状分类》(GB/T 21010—2017)，国家标准采用一级、二级两个层次的分类体系，其中一级包括十二大类：耕地、园地、林地、草地、商服用地、工矿仓储用地、住宅用地、公共管理与公共服务用地、特殊用地、交通运输用地、水域及水利设施用地、其他土地。

端元数目与类型的确定会对后续端元合成和丰度提取造成较大影响（Deng and Wu，2013b；Li and Wu，2015）。根据 Ridd 提出的 V-I-S 模型，城市尺度的不透水面丰度提取往往选用"植被-不透水面-土壤"或"植被-高反照率不透水面-低反照率不透水面-土壤"的端元结构形式。但当研究上升到区域层面时，由于像元的尺度效应，V-I-S 模型的普适性变得值得商榷（Pu et al.，2003；Shao and Lunetta，2011；Lu et al.，2014）。具体到某实验区域，根据 2011 年美国国家土地覆盖数据库的分类参考结果，美国印第安纳州主要的土地覆盖类型为水体（13.46%）、不透水面（6.52%）、森林（16.73%）以及耕地与灌木（46.12%），而裸土的比例仅为 0.28%（图 2-2）。所以选取土壤作为一类独立的影像光谱端元并不具有充分的代表性。另外值得注意的是，土壤和部分耕地会随着季节更替而相互转化（Li and Wu，2014）。在生长季节，耕地主要被农作物覆盖，地表相应表现出绿色植被的光谱特征。而在农作物收割之后，地表的光谱特征则与土壤更为相似。考虑到本实验 MODIS 影像的获取时间为夏季，因此有理由认为裸土不是一种主要的地物类型，并在此基础上根据图 2-2 所示的研究区域地物分布特征和已有文献参考（Pu et al.，2003；Shao and Lunetta，2011）选择森林（F）、不透水面（I）和耕地与灌木（C）作为三类基本端元类型。

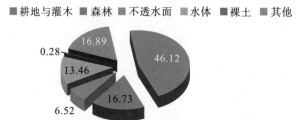

图 2-2　2011 年美国印第安纳州土地覆盖类型及占比（%）

## 2.2　基于混合光谱分解的不透水面信息遥感提取模型

全球或区域尺度上的不透水面信息提取方法大部分采用中低空间分辨率影像，如 MODIS、Landsat、高级星载热发射和反射辐射仪（advanced spaceborne thermal emission and reflection radiometer，ASTER）影像等。然而，受到此类传感器空间分辨率的限制和地表存在明显的空间异质性特征，影像中存在大量包含多类地物的混合像元，很大程度上降低了不透水面遥感提取的精度。为了解决影像中存在的混合像元问题，许多学者基于遥感光谱成像机理，提出了一系列光谱混合分析（spectral mixture analysis，SMA）模型。光谱混合分析模型可用于估算不透水面覆盖度。

光谱混合分析模型按照模型参量之间的关系可以分为线性光谱混合分析模型和非线性光谱混合分析模型。线性光谱混合分析（linear spectral mixture analysis，LSMA）模型认为在同一个像元内相同类别的地物具有相同的光谱特征，而且光谱是线性可加的，因其计算简单易理解，成为广泛使用的模型。

杨华杰（2013）基于 V-I-S 模型和线性光谱混合分析方法，利用 Landsat TM 影像研究杭州市不透水面的时空变化特征。杨朝斌等（2016）基于多端元优化提取方法选取植被、裸土、耕地、高反照度和低反照度五种端元，利用线性光谱模型从 Landsat OLI 影像中提取长春市不透水面的空间分布信息。Lu 等(2011a)融合了像元级分类方法和线性光谱混合分析方法提取不透水面。Wu 和 Murray(2003)提出一种约束的线性光谱混合分析模型估计不透水面覆盖度，袁超(2008)利用该模型提取北京城区的不透水面空间分布格局。Fan 等(2015)引入已有的三种光谱指数，即归一化差值建筑指数(normalized difference built-up index，NDBI)、归一化差值裸土指数(normalized difference bare-soil index，NDBaI)和反射率，提出一种改进的线性光谱混合分析方法(LSMA)来估算广州市不透水面丰度信息。Du 等(2015)利用线性光谱混合模型(linear spectral mixture model，LSMM)和反向传播神经网络(back propagation neural network，BPNN)从中巴地球资源卫星(CBERS)影像和 HJ-1 影像中提取徐州市的不透水面丰度。岳文泽和吴次芳(2007)利用线性光谱分解技术，将城市地域分为高反照度端元、低反照度端元、植被端元和裸土端元的线性组合，从 Landsat ETM+影像中提取了上海市的不透水面空间分布信息。潘竟虎等(2009)基于线性混合光谱分解方法从 Landsat ETM+影像中提取不透水面信息与植被覆盖度，用以分析兰州市中心城区的城市热岛效应与城市下垫面的空间关系。黄艳妮(2012)利用线性光谱混合分析方法从 Landsat 影像中获取合肥市不透水面动态变化信息。Weng 等(2009)利用线性光谱混合分析从 ASTER 影像中提取不透水面信息，用以研究不透水面的季节敏感性。Lu 和 Weng(2006)利用线性光谱混合分析方法从 ASTER 影像中提取不透水面、植被和土壤成分，用以分析热特征与城市环境各组分之间的关系。Yang 和 He(2017)利用线性光谱解混(linear spectral unmixing)模型从高空间分辨率、多光谱的 WorldView-3 影像中自动化提取不透水面信息，能够有效地解决阴影问题。Zhang 等(2015)利用线性光谱混合分析方法从双时相 Landsat TM/ETM+影像中获取亚像元尺度下的不透水面区域(impervious surface areas，ISAs)和植被覆盖度(fractional vegetation cover，FVC)，用以分析城市扩张与城市热岛效应的关系。Fan 和 Fan(2014)利用线性光谱解混分析方法得到多时相广州市不透水面时空信息，分析不透水面地区、密度和重心的时空动态变化规律。Deng 等(2012)利用线性光谱解混方法从多时相 Landsat 影像中监测珠江三角洲不透水面变化信息。岳玉娟等(2015)采用线性光谱分解方法和 NDVI 二元法分别从 Landsat TM 影像中提取北京市、天津市和唐山市的不透水面，实验结果表明线性光谱分解方法取得的效果最好。

由于地表物质的构成成分复杂、地物存在空间异质性特征以及不同像元组分的类型和数量具有可变性，许多学者逐渐开始探索具有可变性端元的混合像元分解方法。

Roberts 等(1998)提出多端元光谱混合分析(multiple endmember spectral mixture analysis，MESMA)方法，利用光谱库中的端元定义高光谱影像中的地物类别。Weng 和 Pu(2013)应用 MESMA 从 Landsat TM 影像中提取亚像元层不透水面信息。王浩等(2011)选择亮暗植被端元、高低反照度不透水面端元以及干湿土壤端元，基于多端元光谱混合分解模型，从 Landsat 影像中获取流域尺度不透水面信息。刘正春(2012)以 V-I-S 模型为基础，探讨了光谱混合分析方法的研究现状，以及多端元光谱混合分析的发展方向，从 Landsat 影像中提取了西安市的不透水面信息。Powell 等(2007)基于多端元光谱混合分析方法从 Landsat ETM+影像中提取城市土地覆盖的各组成成分。Yang 等(2010)提出一种预选归一化多端元光谱混合分析方法(pre-screened and normalized mESMA，PNMESMA)来估算不透水面丰度，该方法集成了归一化光谱混合分析和多端元光谱混合分析，提高了不透水面丰度的估算精度。Myint 和 Okin（2009）利用 MESMA 提取亚像元层城市地物覆盖。Fan 和 Deng（2014）针对多端元光谱混合分析在高光谱影像应用中的费时和低效率问题，提出了一种改进的多端元光谱混合分析算法，即光谱角和光谱距离多端元光谱混合分析（spectral angle and spectral distance MESMA，SASD-MESMA），该方法有效地提高了MESMA 算法的效率，能够获取高精度的亚像元尺度不透水面信息。Demarchi 等（2012）研究了超分辨率影像上亚像元尺度不透水面信息的提取，其应用 MESMA 解混原始高光谱 CHRIS/Proba 影像和超分辨率增强 CHRIS/Proba 影像，实验结果显示超分辨率影像的光谱混合分析方法能够从密集异质的城市区域提取高精度的不透水面信息。Wu 等（2014）提出一种空间约束多端元光谱混合分析方法，即每一类别的多端元自动从预先定义的邻域内选择，利用该方法从 Landsat ETM+影像中提取亚像元层不透水面信息，获得了比全局MESMA 方法更高的准确率。Tan 等（2014）提出一种修正多端元光谱混合分析（modifiedMESMA，MMESMA）方法，从 1m 的机载 HySpex 影像和 ROSIS 影像中提取不透水面信息。Shahtahmassebi 等（2012）基于 MESMA 提取不透水面信息，然后提出红绿蓝-不透水面（red-green-blue impervious surface，RGB-IS）模型检测不透水面的时空变化信息。Deng（2015）提出一种分层基于对象的光谱混合分析（hierarchically object-based sMA，HOBSMA）方法，即将基于对象影像分割的空间约束和端元外推技术集成入低分辨率影像的 MESMA 中，能够提高不透水面与其他地表覆盖的可分性。

另外，一些学者针对光谱混合分析模型存在的问题提出了相应的改进模型，为选择合适的不透水面提取模型提供了依据。Van de Voorde 等（2009）对比了两种光谱混合分析模型在 Landsat 影像中的应用，即线性光谱解混模型和多层感知（multilayer perceptron，MLP）模型，为选择合适的不透水面估计模型提供了理论依据。Weng 和 Hu（2008）对比了 LSMA和人工神经网络（artificial neural network，ANN）两种方法从 Landsat ETM+影像和 ASTER影像上提取不透水面信息的效果。Li 和 Wu（2016）提出一种地理统计时空混合分析（geostatistical temporal mixture analysis，GTMA）模型提取不透水面信息，该模型能够有效地解决 SMA 存在的端元差异性问题。杨凯文（2012）对比了采用监督分类、植被覆盖度和有约束条件的线性光谱混合分解方法估算城市不透水面的结果，验证了线性光谱混合分解方法取得了最优的效果。Li 和 Wu（2014）针对 SMA 方法并未充分解决季节敏感性和光谱混淆问题，提出了两种时间混合分析方法，即基于物候的时间混合分析（phenology-basedtemporal mixture analysis，PTMA）和基于物候的多端元时间混合分析（phenology-basedmulti-endmember temporal mixture analysis，PMETMA），从多时相的 MODIS NDVI 数据中提取不透水面丰度。

在区域尺度下，光谱混合分析方法在一定程度上解决了中低分辨率影像的混合像元问题，但是该方法往往在不透水面占比较低的地区（郊区、农村等）出现不透水面被过低估计问题，而在不透水面占比较高的地区（密集建筑区等）出现不透水面被过高估计问题。在光谱混合分析方法中，选择合适的端元对混合像元分解的精度有着重要影响。然而，端元选择具有较大主观性，由于不透水面类型复杂，现有的多光谱数据受限于光谱分辨率，导致不透水面的光谱异质性难以区分，大区域范围的端元选择存在困难。另外，光谱混合方法需要先剔除水体、阴影,因为低反照度的水体、阴影和高反照度的干燥土壤与沙地容易混入不透水面信息中。因此,预处理工作也影响了基于光谱混合分析的区域不透水面信息提取算法的精度。此外,光谱混合分析方法虽然能够提取区域内像元中各类地物的丰度值,但是无法准确推算出各类地物在像元中的具体空间分布位置,造成影像中地物空间细节信息的缺失。

LSMA 模型是目前较为常用的亚像素级不透水面信息提取方法,其基本思想是认为像元由一些具有稳定光谱特征的端元组分构成,且像元在影像上的反射率可以表示为端元反射率及其丰度的线性加权结果(图 2-3)。

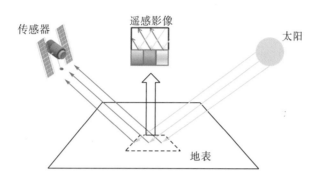

图 2-3　LSMA 模型原理示意图(改绘自 Keshava,2003)

对于任一影像波段 $i$,LSMA 模型可以表示为

$$r_i = \sum_{j=1}^{n} f_{ij} e_j + \varepsilon_i \tag{2-1}$$

式中,$r_i$ 表示混合像元可被测量到的实际反射率;$f_{ij}$ 为端元 $j$ 所占有的丰度;$e_j$ 为端元 $j$ 的反射率;$\varepsilon_i$ 为残差。考虑到端元丰度的非负性且和为 1,可以在式(2-1)的基础上加入如下约束条件:

$$\begin{cases} 0 \leqslant f_{ij} \leqslant 1 \\ \sum_{j=1}^{n} f_{ij} = 1 \end{cases} \tag{2-2}$$

满足式(2-2)所示约束条件的 LSMA 模型被称为全约束 LSMA 模型。在实际应用中也有学者不加入约束条件或仅加入非负性或和为 1 的约束条件进行线性解混,前者称为无约束 LSMA 模型,后者称为半约束 LSMA 模型。

由于端元难以获取,普通的 LSMA 方法被认为并不适用于采用 MODIS 等分辨率更加低的遥感影像作为数据源的区域以及更大空间尺度不透水面信息提取研究。相比较而言,基于回归分析的不透水面提取方法则显得更有优势。此类算法的主导思想是建立像素不透水面丰度与其他相关变量之间的经验型定量关系,用数学语言可以表述为

$$Y = f(X_1, X_2, \cdots, X_N) \tag{2-3}$$

式中,$Y$ 表示像素不透水面丰度;$X_1 \sim X_N$ 表示其他相关变量。

考虑到城市中植被与不透水面丰度往往呈现负相关的关系,植被指数和缨帽变换后的

绿度分量常被应用于回归分析类不透水面信息提取研究中,但仅基于植被信息的提取方法可能会受到裸土和季节变化等一系列因素的影响,回归模型并不具有代表性。另一种思路是将反映人类活动强度的夜间灯光(简称夜光)亮度引入不透水面信息提取回归分析,但目前普遍采用的 DMSP-OLS 夜光影像存在的"光饱和"问题可能会导致提取结果在中心城区具有一定的不确定性。因此,有学者提出综合利用植被指数与夜光强度的研究思路,通过构造专题指数或多元回归的方法实现更为稳健的大尺度不透水面信息提取(Lu et al., 2008; Elvidge et al., 2007)。

许多学者基于 V-I-S 模型与光谱混合分析,探索不透水面提取的新方法。Deng 和 Wu(2013a)提出一种空间自适应光谱混合分析(spatially adaptive spectral mixture analysis, SASMA)方法自动化提取不透水面的端元。Deng 和 Wu(2013b)利用最小二乘解(least squares solution,LSS)和一些已知丰度的样本像元提取端元光谱,然后集成到光谱混合分析方法中,提取大尺度下的不透水面丰度信息。李波等(2012)基于光谱混合分解模型,结合热红外遥感数据反演的地表温度,选择高反照度、低反照度、土壤及植被四类端元的线性组合,用以表征城市的土地利用类型,提高了不透水面的估算精度。Zhang 等(2014b)提出一种基于先验知识的光谱混合分析(prior-knowledge-based spectral mixture analysis, PKSMA)方法提取不透水面信息,即首先利用分类算法将城市区域划分为高密集区和低密集区,高密集区光谱混合分析使用植被-不透水面(vegetation-impervious,VI)模型,低密集区使用 V-I-S 模型,该方法取得了较高精度的不透水面。Wu(2004)基于 V-I-S 模型,提出一种归一化光谱混合分析(normalized spectral mixture analysis,NSMA)方法,从 Landsat ETM+影像中提取城市组分,得到了较高精度的不透水面。程熙等(2011)将缨帽变换的绿度分量及混合光谱分解后的高反射率分量作为支持向量机(support vector machine,SVM)的特征变量,提高了区域不透水面估算的整体精度。Lu 和 Weng(2004)首先利用最小噪声分离(minimum noise fraction,MNF)对 Landsat ETM+影像进行变换得到主成分,再利用光谱混合分析提取土地利用和土地覆盖,得到了较高的分类精度。Wu(2009)将光谱混合分析方法应用于高空间分辨率 IKONOS 影像,提高了不透水面信息提取精度。Pu 等(2008)利用光谱混合分析方法从 ASTER 影像中提取了城市地表成分的丰度。Yue(2009)基于 V-I-S 模型提出一种多层不透水面信息提取方法,第一层利用光谱混合分析和纯净像元指数(pixel purity index,PPI)定义端元;第二层建立线性回归模型预测不透水面的分布信息。Zhang 等(2013a)利用光谱混合分析方法提取亚像元的不透水面,结合时序分类和植被覆盖度,基于 Landsat 时间序列影像监测舟山群岛过去 25 年的不透水面动态变化过程。

## 2.3　不透水面信息遥感提取指数模型

不透水面信息遥感提取指数模型依据影像不同波段的光谱特征来提取不透水面信息,如图 2-4 所示。该类模型的原理是从影像的多光谱波段中找出最强不透水面反射率波段和最弱不透水面反射率波段,通过归一化比值运算,扩大两波段的差值,使不透水面在指数影像上突出显示,同时让其他地物的显示被抑制。

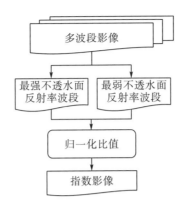

图 2-4　不透水面信息遥感提取指数模型原理图

自从 Ridd 提出 V-I-S 模型之后，许多学者依据 V-I-S 模型，估算城市地表的各组分覆盖丰度，利用不透水面和植被指数之间的反比关系计算不透水面信息，即根据归一化植被指数(NDVI)得到植被覆盖度，再建立植被指数与不透水面的回归模型获取不透水面空间分布信息。Braun 和 Herold(2004)对比了线性光谱解混的植被丰度和 NDVI 分别从 ASTER 影像中提取不透水面丰度的效果，并应用于德国西部，实验证明在裸土大量存在的农业区域，NDVI 更适宜用于提取不透水面。Villa(2007)对比了四种光谱指数，即土壤调节植被指数(soil adjusted vegetation index，SAVI)、城市指数(urban index，UI)、归一化植被指数和土壤植被指数(soil and vegetation index，SVI)从 Landsat TM 影像和 Landsat ETM+影像中提取不透水面信息的效果。Villa(2012)利用土壤植被指数(SVI)从 Landsat 影像中获取不透水面变化信息。Kaspersen 等(2015)利用回归模型基于土壤调节植被指数和归一化植被指数提取亚像元级不透水面覆盖率。Sun 等(2016)提出一种组合建筑区指数(combinational build-up index，CBI)，该指数组合主成分分析的第一分量、土壤调节植被指数和归一化差值水体指数(normalized difference water index，NDWI)用以提取不透水面信息。Deng 和 Wu(2012)提出的生物物理成分指数(biophysical composition index，BCI)，能有效地区分不透水面和裸土。Zha 等(2003)提出的归一化差值建筑指数(normalized difference build-up index，NDBI)，能够自动地获取影像中的建筑区。Yang 等(2011)利用归一化差值建筑指数提取不透水面区域，用以分析地表温度与各城市组分的关系。陈志强和陈健飞(2006)基于 ASTER 影像提出归一化差值建筑指数，该指数能够获得高精度的城镇用地专题信息，并能有效区分新老建筑。李胜(2005)利用改进型归一化水体指数(modified NDWI，MNDWI)、土壤调节植被指数和归一化建筑指数，从 Landsat TM 影像和 ASTER 影像中提取厦门市建成区。黄小巾等(2013)提出 NDBI 的改进算法，并应用于福州市不透水面信息提取，该方法能够有效区分不透水面与稀疏植被和裸地。Wang 等(2015)提出一种基于 Landsat 影像的归一化差值不透水面指数(normalized difference impervious index，NDII)，利用 Landsat 影像的可见光波段和热红外波段估算南京市不透水面。Xu(2008)根据改进型归一化水体指数、土壤调节植被指数和归一化建筑指数提出一种新的建筑区指数(index-based built-up index，IBI)，能够有效地快速提取遥感影像上的建筑区域。李玮娜等(2013)结合改进型归一化水体指数、归一化植被指数对归一化建筑指数进行改进，提出城市建成区指数(built up area index，BUAI)，并用于提取太原市不透水面信息。Ma 等(2014)结合归一化差值植被指数和夜光(nighttime light，NTL)数据提出一种植被调整的夜光城市指数(vegetation adjusted NTL urban index，VANUI)，用以从夜光数据中提取不透水面信息。Guo 等(2015)利用回归模型提出一种集成 SNPP VIIRS-DNB(suomi national polar-orbiting partnership visible Infrared imaging radiometer suite's day/night band)和 MODIS NDVI 的新指数，即大尺度不透水面指数(large-scale impervious surface index，LISI)，该指数适宜提取大尺度空间的不透水面分布信息。匡文慧等(2011)提出基于 MODIS NDVI 与夜光数据(DMSP-OLS)的改进型不透水面指数，分析京津唐城市群的不透水面时空变化格局。

徐涵秋(2008)创建了归一化差值不透水面指数(normalized difference impervious surface index，NDISI)，并从 Landsat 影像和 ASTER 影像中提取不透水面信息，提高了不透水面信息的提取精度。Xu(2010)将 NDISI 应用到福州市的 Landsat ETM+影像和厦门市的 ASTER 影像中，验证了 NDISI 能够有效地从卫星影像上提取不透水面信息，并借助该指数分析了不透水面分布对城市内热环境的影响。葛壮和李苗(2015)采用改进的归一化差值不透水面指数(NDISI)从 Landsat TM 影像中估算了黑龙江省七台河市的不透水面信息，验证了 NDISI 方法的有效性。林冬凤和徐涵秋(2013)采用归一化差值不透水面指数(NDISI)从 Landsat TM 影像中获得了厦门市在 20 年间的不透水面动态变化信息。周淑玲和徐涵秋(2010)通过归一化差值不透水面指数(NDISI)从 Landsat TM 影像中估算福建晋江沿岸的不透水面分布信息。Xu 等(2011)利用归一化差值不透水面指数(NDISI)从 Landsat TM 影像中得到不透水面分布信息，用以分析福建厦门过去 20 年间的不透水面动态变化信息。辜寄蓉和李琳(2016)利用归一化差值不透水面指数(NDISI)和归一化建筑指数(NDBI)从 Landsat TM 影像中提取成都市不透水面信息，分析不透水面的时空动态变化特征。Liu 等(2013)利用夜光亮度、地表温度和多光谱反射率提出一种改进的归一化差值不透水面指数(modified NDISI，MNDISI)提取不透水面。毛文婷等(2015)从 Landsat OLI 影像中利用归一化差值不透水面指数(NDISI)、改进型归一化水体指数(MNDWI)估算不透水面，用以分析不透水面指数与遥感影像信息容量的关系。杨爱民等(2014)基于归一化差值不透水面指数(NDISI)、归一化植被指数(NDVI)提出的实验指数组合法，能够高效地估算不透水面信息。张静敏和汤江龙(2016)利用改进型归一化水体指数(MNDWI)、归一化差值不透水面指数(NDISI)提取南昌市不透水面分布信息，分析南昌市不透水面空间形态与城市热岛效应的关系。穆亚超等(2017)提出一种新的增强型不透水面指数(enhanced normalized difference impervious surface index，ENDISI)，从 Landsat 8 OLI 影像中提取兰州市建成区的不透水面信息，该指数能够有效地消除西北干旱地区沙土裸地的干扰，提高不透水面信息提取精度。

不透水面信息遥感提取指数模型原理简单，多针对中低空间分辨率影像，该类模型适用于区域级不透水面信息遥感提取。但是城市地表具有复杂异质性特征，中低空间分辨率遥感影像中存在混合像元问题，许多像元中包含多种地物类型，因此，很难构建具有普适性的区域不透水面信息遥感提取指数模型。

# 2.4　基于传统影像分类的不透水面信息遥感提取模型

基于传统影像分类的不透水面信息遥感提取模型很多，根据分类影像的空间分辨率不同，按照尺度可以进一步细分为像元尺度不透水面信息遥感分类模型、亚像元尺度不透水面信息遥感分类模型和对象尺度不透水面信息遥感分类模型(图 2-5)。

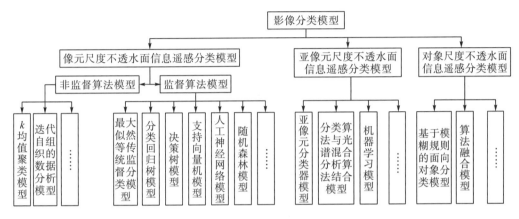

图 2-5　基于影像分类的不透水面信息遥感提取模型

## 2.4.1　像元尺度不透水面信息遥感分类模型

不透水面信息提取等价于对地物的二值分类，适用的数据源一般是高分辨率遥感影像，采取的处理手段可以是参数分类器、非参数分类器或面向对象的分类模型等。

Parece 和 Campbell(2013)利用高分辨率航空影像和 NLCD 不透水面数据产品，评估了应用于 Landsat 影像提取不透水面信息的四种监督分类方法，包括平行管道分类器、最大似然分类器、最小距离分类器(minimum distance classification)和马氏距离分类器。实验结果表明没有单一的分类算法能够取得最佳的不透水面精度，分类算法的有效性取决于算法本身、波段组合和研究区域的物理特征。Thapa 和 Murayama(2009)对比了从ALOS(advanced land observing satellite)影像中提取城市土地利用类型的四种分类方法，包括非监督算法(ISODATA)、监督算法(最大似然分类器)、模糊监督分类和基于以上三种算法的 GIS 后处理方法。Hester 等(2008)利用基于像元的分类方法、影像融合和基于 GIS 的影像细化方法从 QuickBird 影像中提取高精度的土地覆盖类型。Luo 和 Mountrakis(2011)提出一种混合分类模型，该分类模型整合了多个分类器，应用上下文信息改进不透水面信息分类精度。Mountrakis 等(2009)基于专家系统综合多种分类器提取不透水面信息。Cablk和 Minor(2003)结合主成分分析和空间形态算子从 IKONOS 影像中提取不透水面信息。Shalaby 和 Tateishi(2007)利用最大似然监督分类方法从 Landsat 影像中检测城市土地利用/土地覆盖类型。Zhang 等(2012)利用 Landsat ETM+影像和 SAR 影像提取不透水面信息，比较了支持向量机(SVM)和人工神经网络(ANN)两种分类器算法在不透水面信息提取精度上的差异，实验结果表明利用 Landsat ETM+影像提取不透水面信息的效果较 SAR 影像好，而且 SVM 适宜从 Landsat ETM+影像上提取不透水面信息，ANN 适宜从 SAR 影像上提取不透水面信息。Li 等(2016)基于决策树分类从 Landsat 影像中提取不透水面信息，分析杭州市不透水面的时空动态变化模式。Gao 等(2010)利用分类回归树(classification and regression tree，CART)算法建立不透水面覆盖率的预测模型。Torbick 和 Corbiere(2015)结合 NLCD 产品和 Landsat 影像，利用基于随机森林的分类回归树(CART)算法和 Landsat 影像提取的指数，包括归一化植被指数(NDVI)、地表水指数(land surface water index，LSWI)、土壤大气综合植被指数(soil-adjusted total vegetation index，SATVI)和修正土壤植被指数(modified soil-adjusted vegetation index，MSAVI)，提取高精度的城市地表覆盖。

## 2.4.2　亚像元尺度不透水面信息遥感分类模型

对于中低分辨率遥感影像，像素单元内部的异质性比较突出，存在混合像元问题。因此，像素级的硬分类模型不再适用于中低分辨率遥感影像不透水面信息提取，取而代之的是以亚像元丰度提取为代表的软分类，而基于中低分辨率遥感影像的不透水面信息提取研究目标也相应转化为获取混合像元的不透水面信息丰度。

亚像元尺度的不透水面信息遥感分类模型包括亚像元分类器模型、机器学习模型、分类算法与光谱混合分析算法结合模型等。

Hu 和 Weng(2009)提出一种基于 Kohonen 自组织映射(Kohonen self-organizing feature map，KSOFM)的亚像元级分类方法提取不透水面信息。Yang 等(2003)利用回归树模型，从多源遥感影像中提取亚像元层不透水面空间分布信息。Leinenkugel 等(2011)利用支持向量回归(support vector regression，SVR)方法提取亚像元级不透水面变化信息。Sung 和 Li(2012)利用支持向量回归(SVR)方法从不同季节的 Landsat TM 影像中提取亚像元尺度的不透水面信息，用以分析植物物候信息对不透水面信息提取精度的影响。Sun 等(2011)对比了多层感知神经网络(multilayer perceptron neural network，MLPNN)和支持向量机(SVM)算法从 Landsat TM 影像中提取亚像元级不透水面信息的精度，实验结果证明，支持向量机更能够有效地解决混合像元问题。Zhang 等(2009)利用线性光谱混合分析(LSMA)、最小二乘支持向量机(least-squares support vector machine，LS-SVM)从 Landsat 影像中提取南京市的不透水面信息，实验表明 LS-SVM 结合多尺度纹理特征能够取得较高的提取精度。Im 等(2012)提出了一种分层分类算法，该算法融合优化人工免疫网络(optimized artificial immune networks，OPT-AINET)和决策树算法，从 Landsat TM 影像上提取多尺度的不透水面信息。Tsutsumida 等(2016)提出一种基于随机森林回归的时空亚像元模型，从 MODIS EVI 影像中估计不透水面信息。林婉晴(2015)利用全约束条件的混合分解模型提取福建晋江市的亚像元尺度不透水面动态变化信息，取得了最优效果。Dams 等(2013)基于回归的分类方法提取两幅时相的亚像元尺度不透水面信息，通过分析不透水面的变化信息评价城市化对地表水平衡和水系统的水文效应。

## 2.4.3　对象尺度不透水面信息遥感分类模型

对象尺度不透水面信息提取方法多采用面向对象的分类技术。影像分类方法是不透水面信息提取应用最广泛的方法,该类方法也适用于区域尺度不透水面信息提取,但是在影像分类方法中,不透水面信息的提取精度依赖影像空间分辨率及地物分类精度。像元尺度的影像分类方法虽然能保留原始影像的细节信息,但是易受太阳照射角、土壤湿度等自然因素干扰。在中低分辨率影像中,由于分辨率低,大部分像元内包含多种类型地物,即存在混合像元问题,因此,基于像元的分类方法往往造成区域内城市不透水面被过高估计,而城郊部分不透水面被过低估计的现象。亚像元的分类方法虽然在一定程度上能够处理混合像元的问题,但是该方法依赖端元选择,而在区域尺度下纯净端元的选择仍然存在困难。而且,亚像元的分类方法将城市生态信息划分为有限的组成部分,由于不透水面的异质性,所选择的端元不能够完全包含区域内各种类型的不透水面。面向对象的分类方法可以依据地物的形状、纹理、空间邻域等信息区分不透水面和透水面,通过构建多尺度网络层次,为分类提供依据,有效提高了不透水面估算的精度。然而,面向对象的提取方法多应用于高分辨率影像,不适宜区域尺度不透水面信息提取。并且,在高分辨率影像中,该类方法面临光谱分辨率低导致的地物光谱混淆问题以及树冠、建筑物等产生的阴影和遮挡问题。另外,分割影像的尺度和精度,也影响着面向对象分类方法的不透水面信息估算精度。因此,仅仅依靠影像的光谱信息和几何特征的影像分类方法,并不能有效地解决地物异质性导致的光谱混淆问题。

　　Shackelford 和 Davis(2003)融合基于像元的模糊分类方法和基于对象的方法从高空间分辨率、多光谱 IKONOS 影像中提取城市地物覆盖类型。Lu 等(2011a)融合像元级分类方法和面向对象的分割算法,从 QuickBird 影像中提取不透水面信息,能有效解决像元尺度分类方法导致的椒盐问题。孙志英等(2007)采用多尺度分割结合面向对象分类方法,从10m 分辨率的 SPOT5 影像上提取不透水面信息。Zhou 和 Wang(2008)提出一种多代理分割和分类(multiple agent segmentation and classification,MASC)算法,引入对象的形状信息,提高了不透水面信息的估算精度,并能有效地将不透水面对象从阴影中区分开来。李彩丽等(2009)利用面向对象方法,从 IKONOS 影像上提取不透水面的分布信息,初步解决了阴影遮挡和植被覆盖问题,提高了不透水面信息的估算精度。Miller 等(2009)利用特征分析(feature analyst),根据空间信息和光谱特征对高空间分辨率影像进行基于对象的分类,提取不透水面。Hu 和 Weng(2011)利用光谱特征、空间信息和纹理信息建立模糊规则,提出一种基于对象的模糊分类方法,应用到 IKONOS 影像中提取不透水面信息,取得了较好效果。Li 等(2011)针对高空间分辨率(very high resolution,VHR)影像提出一种分层的影像分割方法,并结合多通道分水岭变换和分水线动态,使得该方法的不透水面信息提取精度优于单层分割的基于对象分类方法。Nagel 和 Yuan(2016)利用基于对象的特征提取和回归树方法从数字正射影像中提取不透水面信息。Sugg 等(2014)利用面向对象的方法从高空间分辨率 QuickBird 影像中提取不透水面信息。Zhang 等(2013b)提出一种基于像元与对象混合分析(pixel-and object-based hybrid analysis,POHA)方法从 QuickBird 影像中提取杭州市的不透水面,即先利用基于像元的分析方法提取先验知识,再利用基于对象的方法根据加权最小距离寻找最相似的对象,其中分割掩膜策略用以实现像元层到对象层的转换。Yu 等(2016)在面向对象基础上提出一种支持向量机(SVM)和距离度量学习(distance metric learning,DML)的融合方法,从资源三号卫星(ZY-3)影像中提取不透水面信息和透水面信息，该方法充分集成影像的空间特征和光谱特征，提高了不透水面信息的提取精度。

## 2.5　光学遥感影像图谱融合的不透水面遥感提取模型

陈述彭（2001）提出的地学信息图谱理论为遥感图谱认知提供了理论基础。遥感作为获取连续的地表图谱信息最直接的手段，可为地学信息图谱理论和方法体系提供基础性的直观地球监测数据。然而，遥感科学和地球信息图谱研究产生的源头具有差异性，两者的"图谱"概念并不完全相同；另外，遥感科学自身发展过程中对谱信息反演和图信息提取以及相应的应用研究都是长期分离的。随着卫星遥感传感器的光谱分辨率和空间分辨率越来越高，在传承地学信息图谱理论的基础上，图谱融合的遥感图谱信息认知理论应运而生，其综合运用了地学时空分析理论定量遥感反演模型和智能信息计算方法并构建图谱信息融合及多尺度转换模型，成为研究的热点。

遥感数据从本质上就具有图谱合一的特性。遥感通过对地观测成像，反映了地物空间分布的特性，包含纹理、颜色等，形成了最直观的可视化特征；与此同时，地物光谱仪可测量出地物的光谱曲线，通过建立定量的遥感反演模型，可反演出地表的生物和物理特征的光谱特征，作为定量反演地物的机理，这也形成了定量遥感的基础理论，通过波谱来定量表达图像与地物要素间的特征关系。

图特征是目标空间分布及其结构的图形化表达，从空间几何角度反映目标的对象化、拓扑结构以及多尺度特性。

图谱融合是在地物目标空间分布及其精细结构的图示化表达基础上，融合通过遥感定量反演所获得的各级环境要素谱特征，对有形的图对象结构进行谱特征信息的数值化渲染，达到图谱信息的特征集融合，实现对多尺度、多类别、多级环境要素的定量化、空间化和语义化相结合的多重表达。

遥感信息图谱融合有机综合了遥感影像精细化辐射波谱特征和空间形态特征，通过对谱信息反演以及地表精细空间结构图信息的对象化提取和多尺度表达，建立遥感像元波谱与目标几何结构的相互转化关系，真正构建定量化、智能化、多尺度相结合的图谱融合模型。

随着遥感技术的发展，可用于不透水面信息提取的遥感影像数据源日益增多。各类遥感影像的时间、空间、光谱分辨率及其可用于不透水面信息提取的影像特征不尽相同。由于不透水面本身的复杂性，在不同的研究场景下需要根据研究区域特点选取适当的遥感数据源和算法，以实现不透水面信息的最优提取。Lu 等（2014）在综合以往研究的基础上将不透水面信息遥感提取基本方法总结为研究区域地表组分要素分析、遥感数据源选取、不透水面信息提取模型选取、后处理以及提取结果精度评价五个基本步骤。

面向城市复杂区域，本书提出了图谱融合的城市不透水面信息描述模型（图 2-6），将传统的面向对象提取模型发展为"对象-材质"图谱特征对象异质度描述模型。该模型采用"图匹配、谱修正"的方式，综合应用影像中的图信息与谱信息，并综合应用多种特征实现不透水面信息的提取，较大程度地提高了提取精度。

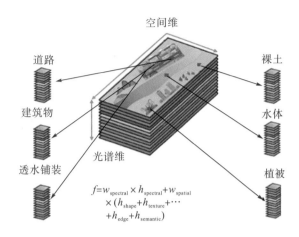

图 2-6 光学遥感影像图谱融合的不透水面信息遥感提取模型

## 2.6 基于随机森林的不透水面信息遥感提取模型

该模型可以地物光谱、几何和结构为输入参数，利用随机森林算法实现监督分类与城市不透水面信息遥感提取，主要包括特征值计算和随机森林模型两部分。

### 2.6.1 特征值计算

随着空间分辨率的提高，由于城市景观异质性的影响，地物细节特征也越来越显著，但也使得光谱类内变异性增强、同物异谱现象明显。地形起伏、高大建筑物和树冠产生的阴影，严重干扰了阴影区域下垫面的光谱。而被阴影覆盖的地区可能包含破碎的草地和道路等多种地物类别，也使得地物识别更加困难。并且高分辨率遥感影像通常只在可见光波段和近红外波段获取，仅依靠光谱特征很难应对光谱类内变异问题。

为减少同物异谱现象的影响，纹理信息和面向对象的分类方法被广泛应用。纹理是指图像色调作为等级函数在空间上的变化，可应用于边缘检测和降低光谱类内变异问题。获取适合的纹理信息的关键在于影像的选择、窗口大小和纹理计算方法等因素。

本书通过基于二阶矩阵的纹理滤波获得纹理信息。二阶概率统计用一个灰色调空间相关性矩阵来计算纹理值，这是一个相对频率矩阵，即像元值在两个邻近的由特定距离和方向分开的处理窗口中的出现频率，该矩阵显示了一个像元与其特定邻域之间关系的发生数。为了提高分类精度，选取常用的专题指数和纹理特征作为新波段加入原影像中进行分类，分别为建筑物指数（BAI）、阴影指数（SI）、土壤调节植被指数（SAVI）、归一化水体指数（NDWI）。通过多光谱间波段运算得到公式如下：

$$BAI = \frac{(B - NIR)}{(B + NIR)} \tag{2-4}$$

$$\mathrm{SI} = \frac{(R+G+B+\mathrm{NIR})}{4} \tag{2-5}$$

$$\mathrm{SAVI} = \frac{1.5*(\mathrm{NIR}-R)}{(\mathrm{NIR}+R+0.5)} \tag{2-6}$$

$$\mathrm{NDWI} = \frac{(G-\mathrm{NIR})}{(G+\mathrm{NIR})} \tag{2-7}$$

式中，$R$、$G$、$B$ 分别为红光波段、绿光波段和蓝光波段，NIR 为近红外波段。

### 2.6.2 随机森林模型

随机森林(random forests，RF)模型由 Breiman 等在 2001 年提出，是一种新型集成机器学习方法，它利用自助法(bootstrap)重采样技术和节点随机分裂技术构建多棵分类决策树，通过投票机制得到分类结果。随机森林模型的基本策略为首先从原始样本向量 $D$ 中利用 bootstrap 抽样随机选取一部分样本作为进化树的训练集，构成与该训练集一一对应的分类树。每棵分类树根据一组与输入样本有关的随机特征向量进行分裂生长，且每棵树在生长过程中不进行剪枝。最终众多分类树构成一个随机森林，即构成一个多分类模型系统。对于待分类数据，每一棵树都会得到一个分类结果。该系统的最终分类结果 $L$ 采用多数投票法得到。

因为具有非常高的分类准确度、需要人工干预少、变量对分类效果的影响大、能对数据提供额外的刻画以及运算非常快等优势，随机森林模型越来越多地被应用于遥感影像分类和建立回归分析模型中。其算法流程如图 2-7 所示。

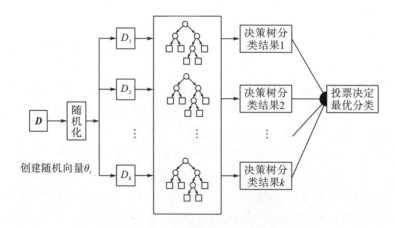

图 2-7　随机森林模型算法流程图

根据原理实现随机森林模型，并用于提取不透水面信息。其技术路线如图 2-8 所示。具体实现流程如下。

(1)在影像上获取裸土、植被、水体和不透水面四类地物的样本，随机生成训练样本和验证样本。

(2)计算特征值，加入纹理特征和阴影指数(SI)、归一化水体指数(NDWI)、土壤调节植被指数(SAVI)、建筑物指数(BAI)等专题指数,与原多光谱波段合成新影像。

(3)输入训练样本生成随机森林模型,进一步将新影像输入得到的模型中进行分类。

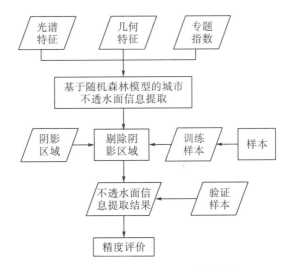

图 2-8　不透水面信息提取技术路线

(4)对分类结果进行精度评定。

(5)若结果符合精度要求,制成专题图。

根据 2013 年 9 月发布的武汉市城市内涝风险图,选取 5 处典型内涝区域进行不透水面信息提取实验。实验区域原影像与专题图如图 2-9～图 2-24 所示。

图 2-9　武汉市区域不透水面信息提取专题图原影像 1

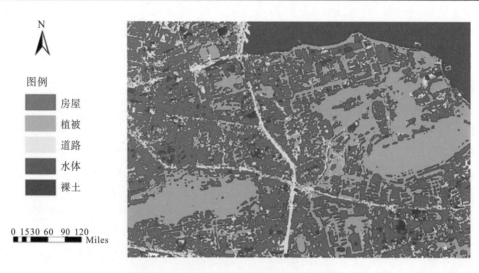

图 2-10　武汉市区域下垫面提取专题图 1-1

注：Miles 为英里(mi)，lmi=1.61，下同

图 2-11　武汉市区域不透水面信息提取专题图 1-2

图 2-12　武汉市区域不透水面信息提取专题图原影像 2

N

图例
植被
水体
裸土
道路
建筑

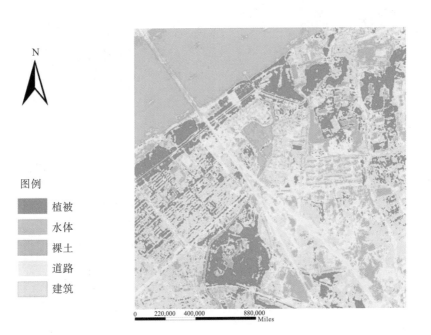

0　220,000　400,000　　　880,000
Miles

图 2-13　武汉市区域下垫面提取专题图 2-1

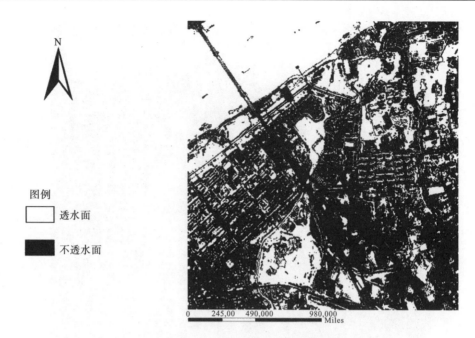

图例

☐ 透水面

■ 不透水面

图 2-14　武汉市区域不透水面信息提取专题图 2-2

图 2-15　武汉市区域不透水面信息提取专题图原影像 3

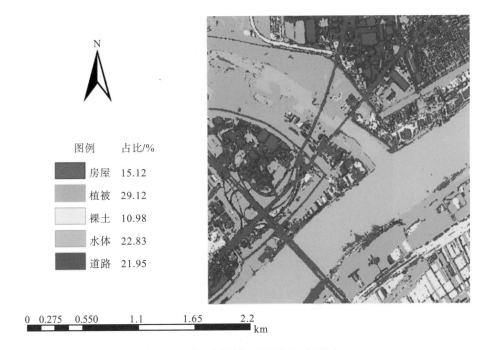

| 图例 | 占比/% |
|---|---|
| 房屋 | 15.12 |
| 植被 | 29.12 |
| 裸土 | 10.98 |
| 水体 | 22.83 |
| 道路 | 21.95 |

图 2-16　武汉市区域下垫面提取专题图 3-1

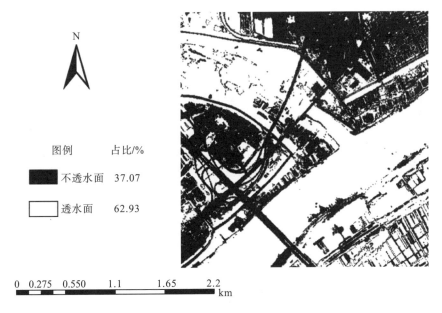

| 图例 | 占比/% |
|---|---|
| 不透水面 | 37.07 |
| 透水面 | 62.93 |

图 2-17　武汉市区域不透水面信息提取专题图 3-2

图 2-18　武汉市区域不透水面信息提取专题图原影像 4

N

图例

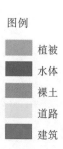

植被

水体

裸土

道路

建筑

0 20 40　80　120　160
Miles

图 2-19　武汉市区域下垫面提取专题图 4-1

图例

■ 透水面

□ 不透水面

0 20 40　80　120 160
▣▣▣▣▣▣▣▣ Miles

图 2-20　武汉市区域不透水面信息提取专题图 4-2

图 2-21　武汉市区域不透水面信息提取专题图原影像 5

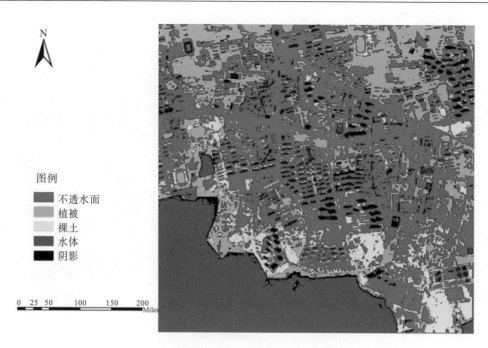

图 2-22　武汉市区域下垫面提取专题图 5-1

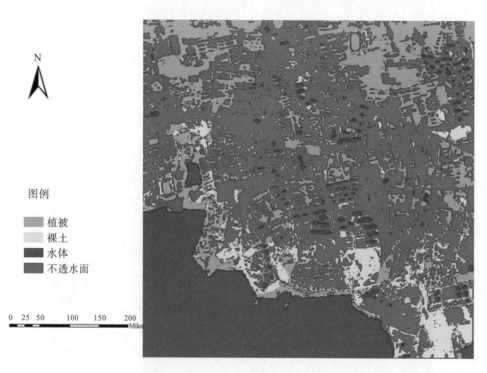

图 2-23　武汉市区域下垫面提取专题图 5-2

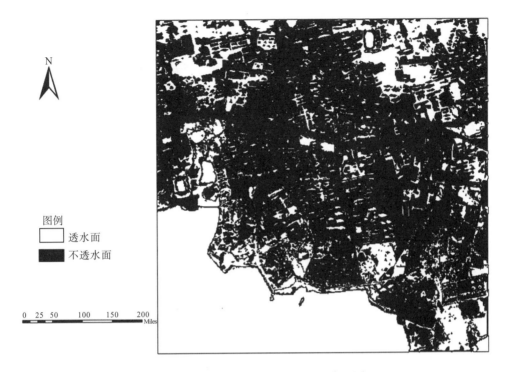

图 2-24　武汉市区域不透水面信息提取专题图 5-3

## 2.6.3　精度评价及统计分析

作为分类后处理中重要的环节,精度评价表明了分类结果中像元被正确分类和误分的比例或者程度。本书使用混淆矩阵来进行精度评价。

混淆矩阵包含总体分类精度(overall accuracy)、Kappa 系数(Kappa coefficient)、生产者(producer)精度和用户(user)精度等精度评价指标。总体分类精度是一个有概率意义的统计量,指被正确分类的像元数目与像元总数之比。被正确分类的像元数目以对角线分布,总像元数为真实参考源像元之和。Kappa 系数是评价模型分类结果与真实参考源之间吻合程度的指标。计算公式分别如下:

$$P = \frac{\sum_{i=1}^{k} x_{ii}}{N} \times 100\% \tag{2-8}$$

$$\text{Kappa} = \frac{N\sum_{i=1}^{k} x_{ii} - \sum_{i=1}^{k}(x_{i+}x_{+i})}{N^2 - \sum_{i=1}^{k}(x_{i+}x_{+i})} \tag{2-9}$$

式中, $P$ 为总体分类精度; $x_{ii}$ 表示正确分类的像元; $x_{i+}$ 和 $x_{+i}$ 分别表示第 $i$ 行和第 $i$ 列上像元之和; $N$ 表示真实参考源像元之和; $k$ 表示类别总数。由于 Kappa 系数利用了整个误差矩阵的信息,因此它经常被认为可以更精确地反映整体的分类精度。但需要说明的是,Kappa 系数适用于测试样本是从整幅影像中随机选取的情况。

生产者精度表示在所有实测类型为第 $k$ 类的样本中，被正确分类的样本所占的百分比，与之对应的错分误差以 1 与生产者精度的差值来表示。用户精度表示在被分类为第 $k$ 类的所有样本中，其实测类型也确实属于该类的样本所占的百分比，同样与之对应的错分误差等于 1 与用户精度的差值。生产者精度和用户精度计算式分别为

$$P_{\mathrm{Pa}} = \frac{x_{kk}}{\displaystyle\sum_{k=1}^{N} x_{ik}} \tag{2-10}$$

$$P_{\mathrm{Ua}} = \frac{x_{kk}}{\displaystyle\sum_{j=1}^{k} x_{jk}} \tag{2-11}$$

式中，$P_{\mathrm{Pa}}$ 表示生产者精度；$P_{\mathrm{Ua}}$ 表示用户精度；$k$ 表示第 $k$ 个类。

对分类后的结果进行统计分析，计算不透水面所占总面积的百分比及其余各类地物所占总面积的百分比。

表 2-1～表 2-5 为 5 组精度评定数据。其中 Is 表示不透水面、Veg 表示植被、Water 表示水体、Soil 表示裸土、Oa 表示总体分类精度、Kappa 表示 Kappa 系数、Pa 表示生产者精度、Ua 表示用户精度。

表 2-1　第 1 组精度评定数据

| 类别 | Is | Veg | Water | Soil |
| --- | --- | --- | --- | --- |
| Is | 2285 | 1 | 4 | 23 |
| Veg | 7 | 1108 | 0 | 0 |
| Water | 4 | 0 | 1294 | 0 |
| Soil | 50 | 0 | 0 | 611 |
| Oa | | 0.983479 | | |
| Kappa | | 0.976327 | | |
| Pa | 0.987895 | 0.993722 | 0.996918 | 0.924357 |
| Ua | 0.973998 | 0.999098 | 0.996918 | 0.963722 |

表 2-2　第 2 组精度评定数据

| 类别 | Is | Veg | Water | Soil |
| --- | --- | --- | --- | --- |
| Is | 2275 | 2 | 3 | 27 |
| Veg | 12 | 1107 | 0 | 0 |
| Water | 0 | 0 | 1295 | 0 |
| Soil | 59 | 0 | 0 | 607 |
| Oa | | 0.980880 | | |
| Kappa | | 0.972618 | | |
| Pa | 0.986129 | 0.989276 | 1.000000 | 0.911411 |
| Ua | 0.969736 | 0.998197 | 0.997689 | 0.957413 |

表 2-3　第 3 组精度评定数据

| 类别 | Is | Veg | Water | Soil |
|---|---|---|---|---|
| Is | 2289 | 1 | 6 | 27 |
| Veg | 15 | 1108 | 0 | 0 |
| Water | 2 | 0 | 1292 | 0 |
| Soil | 40 | 0 | 0 | 607 |
| Oa | | 0.983107 | | |
| Kappa | | 0.975774 | | |
| Pa | 0.985364 | 0.986643 | 0.998454 | 0.938176 |
| Ua | 0.975703 | 0.999098 | 0.995378 | 0.957413 |

表 2-4　第 4 组精度评定数据

| 类别 | Is | Veg | Water | Soil |
|---|---|---|---|---|
| Is | 2282 | 2 | 5 | 27 |
| Veg | 14 | 1107 | 0 | 0 |
| Water | 1 | 0 | 1293 | 0 |
| Soil | 9 | 0 | 0 | 607 |
| Oa | | 0.981808 | | |
| Kappa | | 0.973927 | | |
| Pa | 0.985320 | 0.987511 | 0.999227 | 0.925305 |
| Ua | 0.972720 | 0.998197 | 0.996148 | 0.957413 |

表 2-5　第 5 组精度评定数据

| 类别 | Is | Veg | Water | Soil |
|---|---|---|---|---|
| Is | 3799 | 2 | 7 | 44 |
| Veg | 22 | 1846 | 0 | 0 |
| Water | 3 | 0 | 2157 | 0 |
| Soil | 85 | 0 | 0 | 1013 |
| Oa | | 0.981845 | | |
| Kappa | | 0.973988 | | |
| Pa | 0.986241 | 0.988223 | 0.998611 | 0.922587 |
| Ua | 0.971860 | 0.998918 | 0.996765 | 0.958373 |

对 5 个试点区域做统计分析，以下 5 组数据分别对应 2.6.2 节中的 5 组专题图的统计结果。

第 1 组统计分析结果：

不透水面比率=149810/240000≈0.624208。

其中：

道路比率=33163/240000≈0.138179；

建筑物比率=116647/240000≈0.486029；

水体比率=22362/240000≈0.093175；

裸土比率=4561/240000≈0.019004；

植被比率=63267/240000≈0.263613。

第 2 组统计分析结果：

不透水面比率=142700.000000/250000.000000=0.5708。

其中：

道路比率=80955.000000/250000.000000=0.323820；

建筑物比率=61745.000000/250000.000000=0.246980；

水体比率=47756.000000/250000.000000=0.191024；

裸土比率=24220.000000/250000.000000=0.096880；

植被比率=24484.000000/250000.000000=0.097936。

第 3 组统计分析结果：

不透水面比率=92675/250000=0.3707。

其中：

道路比率=54875/250000=0.2195；

建筑物比率=37800/250000= 0.1512；

水体比率=57075/250000 =0.2283；

裸土比率=42450/250000=0.1698；

植被比率=72800/250000 =0.2912。

第 4 组统计分析结果：

不透水面比率=76517/160000≈0.478231。

其中：

道路比率=43835/160000≈0.273969；

建筑物比率=32682/160000≈0.204263；

水体比率=24635/160000≈0.153969；

裸土比率=16874/160000≈0.105463；

植被比率=41974/160000≈0.262338。

第 5 组统计分析结果：

不透水面比率=133402/250000=0.533608。

其中：

道路比率=40349/250000=0.161396；

建筑物比率=93053/250000=0.372212；

水体比率=50484/250000=0.201936；

裸土比率=22423/250000=0.089692；

植被比率=43691/250000=0.174764。

## 2.7　基于深度学习的不透水面信息遥感提取模型

神经网络具备拟合任意复杂函数的特点，拥有很强的拟合能力和表征能力，能够完成非常复杂的非线性映射。面对复杂的城市地物分类，深度学习方法具有较强的分类能力。因此本书利用深度卷积网络，将整个影像作为输入，引入全局优化和类别空间关系信息作为约束，训练深度学习模型提取不透水面信息。

基于深度学习的面向高分影像不透水面信息提取流程主要包括两个阶段，如图 2-25 所示。在第一阶段中，首先利用深度卷积网络对影像局部特征进行提取；在第二阶段中，将输入影像根据其邻域关系构建网络图，在深度网络提取特征的基础上，进一步引入高阶语义信息对特征进行优化，最终实现不透水面信息的精确提取。

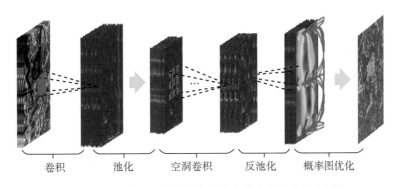

卷积　　池化　　空洞卷积　　反池化　　概率图优化

图 2-25　面向高分影像不透水面信息提取的深度卷积网络

### 2.7.1　面向高分影像不透水面信息遥感提取的深度学习模型

深度卷积网络通过模拟人脑的认知过程，对外部输入信号进行从低级到高级的特征提取与识别，已经在语音、图像等领域取得了一系列突破性应用成果。卷积网络主要由卷积和池化操作堆栈构成，卷积层模拟人眼视觉的感受野对影像特征进行提取，而池化则对影像进行多尺度化，降低特征维度并保证网络提取特征的平移、旋转和尺度不变性。

在图像分割领域，传统卷积网络首先对图像做卷积，然后进行池化，在降低图像大小的同时增大感受野。但图像分割预测是逐像素地输出，所以还需要在池化后较小的图像尺寸上采样到原始的图像尺寸进行预测。也正是因为卷积和池化层的堆叠，经典的卷积网络使得影像的空间分辨率越来越低，最终得到的特征是对整个图像的描述而非单个像素点。即使最后利用空间上采样得到每个像素点的类别预测，在此先减小再增大尺寸的过程中，图像的细节信息已大量损失，如图 2-26 所示。因此，对于需要严格精确到每个像素点类别属性的不透水面信息提取任务，经典的卷积神经网络则不再适用。

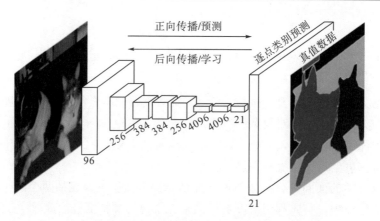

图 2-26　经典卷积深度网络用于自然图像分割，对最终得到
的图像特征进行空间上采样得到每个像素点的类别预测

因此，为了实现高分遥感影像的高精度不透水面信息提取，本书将在上述卷积网络的基础上只保留两个池化层，以得到更为密集的特征图，同时，为了保证网络仍能够对影像的多尺度特征进行提取，本书进一步引入空洞卷积对影像特征进行提取。空洞卷积是对标准卷积核的大小进行扩张，以扩大卷积核的感受野，能够不通过池化也能有较大的感受野看到更多的信息。二维空洞卷积如图 2-27 所示，图 2-27(a)对应 3×3 的 1 步长空洞卷积，和正常卷积操作相同；图 2-27(b)对应 3×3 的 2 步长空洞卷积，实际的卷积核大小还是 3×3，但是空洞为 1，也就是对于一个 7×7 的图像块，只有 9 个红色的点和 3×3 的卷积核进行运算，其余点略过；图 2-27(c)是 4 步长的空洞卷积，同理跟在两个 1 步长和 2 步长空洞卷积的后面，能达到 15×15 的感受野。对比传统的卷积操作，3 层 3×3 的卷积加起来，只能达到 7×7 的感受野，也就是和层数呈线性关系，而空洞卷积的感受野则是指数级增长。

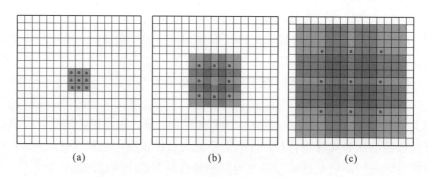

$$(a) \qquad\qquad (b) \qquad\qquad (c)$$

图 2-27　二维空洞卷积示意图

记网络输入的遥感影像为 $I$，深度卷积网络 $F$ 可以表示为一系列线性变换和非线性激活操作。对于包含 $2L+M$ 层的深度卷积网络 $F$，其前 $L$ 层为卷积+池化层，中间 $M$ 层为空洞卷积层，而后 $L$ 层为反池化+反卷积层，如表 2-6 所示，得到最后的输出特征为

$$F(I) = \mathrm{Relu}(\mathrm{unpooling}(H_{2L+M-1}) \otimes W_{2L+M} + b_{2L+M}) \tag{2-12}$$

式中，$\otimes$ 表示反卷积操作，第 $l$ 层的隐含节点可以表示为

$$
\begin{cases}
H_l = \text{pooling}\Big(\text{Relu}\big((H_{l-1})*W_l + b_l\big)\Big), & (l = 1, 2, \cdots, L) \\
H_l = \text{Relu}\big((H_{l-1}) \otimes_{s_l} W_l + b_l\big), & (l = L+1, \cdots, L+M) \\
H_l = \text{Relu}\big(\text{unpooling}(H_{l-1}) \otimes W_l + b_l\big), & (l = L+M+1, \cdots, 2L+M-1)
\end{cases}
\tag{2-13}
$$

式中，$*$ 为卷积运算；$\otimes_{s_l}$ 为 $s_l$ 步长的空洞卷积；$H_0 = I$；$W_l$ 和 $b_l$ 分别表示卷积核和偏置项；$\text{pooling}(\cdot)$ 和 $\text{unpooling}(\cdot)$ 分别为池化和反池化函数；$\text{Relu}(\cdot)$ 为网络的非线性激活函数。表 2-6 列出了面向高分影像不透水面信息提取的深度卷积网络参数。

表 2-6　面向高分影像不透水面信息提取的深度卷积网络参数表

| 层号 | 1 | $\cdots$ | $L$ | $\cdots$ | $L+M$ | $L+M+1$ | $\cdots$ | $2L+M-1$ |
|---|---|---|---|---|---|---|---|---|
| 操作 | 卷积+池化 | $\cdots$ | 空洞卷积 | $\cdots$ | 空洞卷积 | 池化+反卷积 | $\cdots$ | 池化+反卷积 |

对于学习得到的特征 $F(I)$，进一步采用 softmax 回归对像素点属于每一类的概率进行预测：

$$
\hat{p}_{i,k} = \text{softmax}\big(F_i(I)\big) = \frac{e^{W_k^{\mathrm{T}} F_i(I)}}{\sum_{c_j \in C} e^{W_j^{\mathrm{T}} F_i(I)}}
\tag{2-14}
$$

式中，$\hat{p}_{i,k}$ 表示预测得到的第 $i$ 个像素属于类别 $c_k \in C$ 的概率，其 $C = \{c_1, c_2, c_3\}$ 为类别标签集合，分别对应透水面、不透水面和水体；$W^{\mathrm{T}}$ 为权重系数矩阵。

### 2.7.2　概率图学习模型

对于 $\hat{p}_{i,k}$，最简单的方法就是直接取概率最大者作为当前像素点的类别。但是，这种预测方式的像素级别并没有考虑到空间相邻像素的语义关系，使得这样的预测结果难免受噪声等因素的影响，造成提取结果在空间上的不连续。

为了解决这个问题，进一步根据邻接关系将影像构建成图 $G(V, E)$，其中 $v \in V$ 和 $e \in E$ 分别为图 $G$ 的顶点和边。每个顶点对应影像上的一个像素，相邻顶点 $i$、$j$ 间由边 $e_{i,j}$ 相连。以 $x_i$ 表示第 $i$ 个像素的标签变量，可构建相应的条件随机场模型（图 2-28），其能量函数如下：

$$
E(x) = \sum_i \Psi_u(x_i) + \sum_{(i,j) \in \text{Neighbors}} \Psi_p(x_i, x_j)
\tag{2-15}
$$

其中，数据项

$$
\Psi_u(x_i) = -\sum_{i,j} \sum_{k \in C} x_{i,k} \ln \hat{p}_{i,k}
\tag{2-16}
$$

对标签与预测概率 $\hat{p}_{i,k}$ 间的距离进行约束。光滑项为

$$
\Psi_p(x_i, x_j) = \mu(x_i, x_j) \underbrace{\sum_{m=1}^{K} w^{(m)} k^{(m)}(f_i, f_j)}_{k(f_i, f_j)}
\tag{2-17}
$$

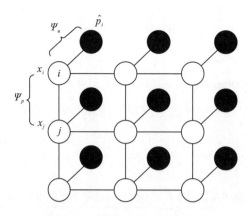

图 2-28　条件随机场概率模型

对相邻像素间标签的不一致性进行惩罚，其中 $\mu\left(x_i, x_j\right)=\begin{cases} 1, & x_i = x_j \\ 0, & \text{其他} \end{cases}$ 为标签变量 $x_i$ 和 $x_j$ 的示性函数。结合高分影像不透水面信息提取的实际应用，本书主要考虑采用以下两种核函数：

$$k^{(1)}\left(f_i, f_j\right) = \exp\left(-\frac{\left|p_i - p_j\right|^2}{2\theta_\alpha^2}\right) \tag{2-18}$$

$$k^{(2)}\left(f_i, f_j\right) = \exp\left(-\frac{\left|p_i - p_j\right|^2}{2\theta_\beta^2} - \frac{\left|I_i - I_j\right|^2}{2\theta_\gamma^2}\right) \tag{2-19}$$

对相邻像素间标签的不一致性进行惩罚，其中 $k^{(1)}(f_i, f_j)$ 和 $k^{(2)}(f_i, f_j)$ 分别要求空间相邻像素的标签应该一致、相邻且光谱一致的像素类别应该一致，$p_i$ 和 $I_i$ 分别为第 $i$ 个像素点的空间位置和光谱，$\theta_\alpha$、$\theta_\beta$ 和 $\theta_\gamma$ 为可训练参数。

### 2.7.3　基于高分辨率卫星影像的不透水面信息样本库构建

随着遥感影像所能提供的影像信息越来越丰富，高分辨率遥感影像所包含的内容越来越复杂，尤其是城市下垫面地物类型的结构、材质与城市规划和发展形态、城市建设所使用的材质等相关，本书针对城市地物的复杂性，基于四川、云南、湖北和广西等地的高分辨率卫星影像收集不透水面、透水面和水的样本，构建不透水面信息样本库，为训练深度学习模型做准备。

### 2.7.4　基于深度学习模型的不透水面信息提取方法实现

本书选取武汉市黄陂和东西湖区的三幅分辨率为 2m 的高分一号遥感影像作为实验数据进行不透水面信息提取实验，实验区域如图 2-29 所示。影像①大小为 3750×2610 像素（PX），影像②大小为 2821×3127 像素（PX），影像③大小为 2939×1999 像素（PX），影像④大小为 1406×1539 像素（PX）。影像包含了植被、裸土、道路、建筑物、水体等多种复杂地物，地面真值由人工逐点标注为不透水面(道路、建筑物等)、透水面(裸土、植被)和水体三大类。实验中影像①和影像②作为训练样本进行模型训练，影像③和影像④用来测试。

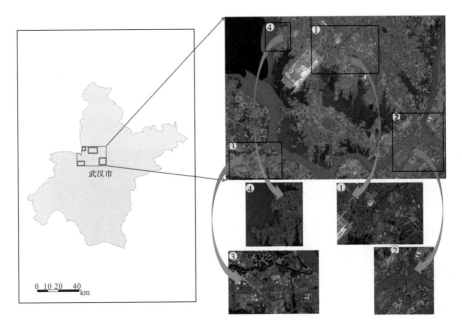

图 2-29　实验区域图示

为了验证模型的有效性，本书进一步将深度学习方法与经典的机器学习算法(随机森林和支持向量机)进行比较，使用三种方法所提取的不透水面信息结果如图 2-30 和图 2-31 所示。可以看出，相较随机森林和支持向量机算法，深度学习方法在准确提取不透水面信息、较好地保留不透水面结构信息的同时，能够有效抑制影像噪声对不透水面信息提取结果的影响，具有较好的鲁棒性。

(a) 原始影像　　　　　　　　　　　　(b) 深度学习

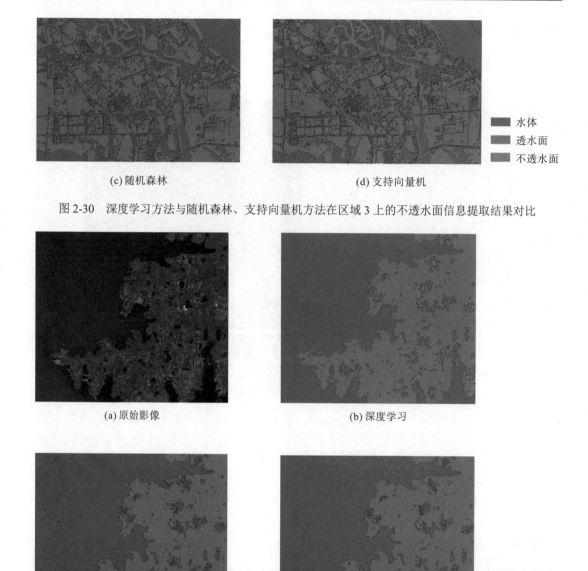

图 2-30　深度学习方法与随机森林、支持向量机方法在区域 3 上的不透水面信息提取结果对比

图 2-31　深度学习方法与随机森林、支持向量机方法在区域 4 上的不透水面信息提取结果对比

　　三种方法(深度学习、随机森林、支持向量机)在区域 3 和区域 4 上的不透水面信息提取精度见表 2-7~表 2-12。

表 2-7　深度学习方法在区域 3 上的不透水面信息提取精度

| | | 真实类别 | | |
|---|---|---|---|---|
| | | 透水面 | 不透水面 | 水体 |
| 预测类别 | 透水面 | 3026973 | 204117 | 39026 |
| | 不透水面 | 340675 | 941244 | 7623 |
| | 水体 | 42587 | 3456 | 1200424 |
| | 生产者精度 | 0.888 | 0.819 | 0.963 |
| | 用户精度 | 0.926 | 0.73 | 0.963 |
| | 总体精度 | | 0.89 | |
| | Kappa 系数 | | 0.81 | |

表 2-8　随机森林方法在区域 3 上的不透水面信息提取精度

| | | 真实类别 | | |
|---|---|---|---|---|
| | | 透水面 | 不透水面 | 水体 |
| 预测类别 | 透水面 | 2947963 | 295611 | 58520 |
| | 不透水面 | 279267 | 988331 | 27256 |
| | 水体 | 78680 | 33946 | 1165487 |
| | 生产者精度 | 0.892 | 0.75 | 0.931 |
| | 用户精度 | 0.893 | 0.763 | 0.912 |
| | 总体精度 | | 0.868 | |
| | Kappa 系数 | | 0.776 | |

表 2-9　支持向量机方法在区域 3 上的不透水面信息提取精度

| | | 真实类别 | | |
|---|---|---|---|---|
| | | 透水面 | 不透水面 | 水体 |
| 预测类别 | 透水面 | 2987272 | 234742 | 80080 |
| | 不透水面 | 267784 | 953916 | 73154 |
| | 水体 | 54933 | 33234 | 1189946 |
| | 生产者精度 | 0.903 | 0.781 | 0.886 |
| | 用户精度 | 0.905 | 0.737 | 0.931 |
| | 总体精度 | | 0.873 | |
| | Kappa 系数 | | 0.785 | |

表 2-10　深度学习方法在区域 4 上的不透水面信息提取精度

| | | 真实类别 | | |
|---|---|---|---|---|
| | | 透水面 | 不透水面 | 水体 |
| 预测类别 | 透水面 | 921291 | 7622 | 12310 |
| | 不透水面 | 58099 | 43827 | 1584 |
| | 水体 | 14370 | 416 | 1063281 |
| | 生产者精度 | 0.927 | 0.845 | 0.987 |
| | 用户精度 | 0.979 | 0.423 | 0.986 |
| | 总体精度 | | 0.956 | |
| | Kappa 系数 | | 0.917 | |

表 2-11    随机森林方法在区域 4 上的不透水面信息提取精度

| | | 真实类别 | | |
| --- | --- | --- | --- | --- |
| | | 透水面 | 不透水面 | 水体 |
| 预测类别 | 透水面 | 938463 | 10678 | 9272 |
| | 不透水面 | 62101 | 40485 | 2314 |
| | 水体 | 28060 | 15027 | 1057434 |
| | 生产者精度 | 0.912 | 0.612 | 0.989 |
| | 用户精度 | 0.979 | 0.386 | 0.961 |
| | 总体精度 | | 0.941 | |
| | Kappa 系数 | | 0.89 | |

表 2-12    支持向量机方法在区域 4 上的不透水面信息提取精度

| | | 真实类别 | | |
| --- | --- | --- | --- | --- |
| | | 透水面 | 不透水面 | 水体 |
| 预测类别 | 透水面 | 941834 | 3974 | 12605 |
| | 不透水面 | 76552 | 19440 | 8908 |
| | 水体 | 22940 | 113 | 1077468 |
| | 生产者精度 | 0.904 | 0.826 | 0.98 |
| | 用户精度 | 0.983 | 0.185 | 0.979 |
| | 总体精度 | | 0.942 | |
| | Kappa 系数 | | 0.891 | |

采用三种方法的不透水面信息提取精度和测试用时比较见表 2-13。实验结果表明,本书的方法相对于随机森林和支持向量机有较好的鲁棒性,进一步验证了利用深度卷积网络进行高分辨率遥感影像不透水面信息提取的可行性。

表 2-13    采用三种方法的不透水面信息提取精度和测试用时比较

| 测试区域及方法 | | 评价指标 | | |
| --- | --- | --- | --- | --- |
| | | 总体精度 | Kappa 系数 | 测试用时/s |
| 区域 3 | 深度学习 | 0.8902 | 0.8104 | 58 |
| | 随机森林 | 0.8684 | 0.7761 | 49 |
| | 支持向量机 | 0.8734 | 0.7846 | 175 |
| 区域 4 | 深度学习 | 0.9555 | 0.9167 | 33 |
| | 随机森林 | 0.9411 | 0.8903 | 17 |
| | 支持向量机 | 0.9422 | 0.8905 | 67 |

# 本章参考文献

陈述彭, 2001. 地学信息图谱探索研究[M]. 北京：商务印书馆.

陈志强, 陈健飞, 2006. 基于指数法的城镇用地影像识别分析与制图[J]. 地球信息科学, 8(2)：137-140.

程熙, 沈占锋, 骆剑承, 等, 2011. 利用混合光谱分解与 SVM 估算不透水面覆盖率[J]. 遥感学报, 15(6)：1228-1241.

葛壮, 李苗, 2015. 基于 NDISI 的七台河市不透水面信息提取[J]. 哈尔滨师范大学自然科学学报, (3)：129-131.

辜寄蓉, 李琳, 2016. 成都市不透水面时空变化分析[J]. 环境与可持续发展, (4)：211-216.

黄小巾, 李家存, 丁凤, 2013. 基于改进 NDBI 指数法的不透水面信息提取[J]. 地理空间信息, 11(5)：63-64.

黄艳妮, 2012. 基于 LSMM 的遥感估算方法在城市不透水面提取中的研究与应用[D]. 芜湖：安徽师范大学.

匡文慧, 刘纪远, 陆灯盛, 2011. 京津唐城市群不透水地表增长格局以及水环境效应[J]. 地理学报, 66(11)：1486-1496.

李波, 黄敬峰, 吴次芳, 2012. 基于热红外遥感数据和光谱混合分解模型的城市不透水面估算[J]. 自然资源学报, 27(9)：
　　1590-1600.

李彩丽, 都金康, 左天惠, 2009. 基于高分辨率遥感影像的不透水面信息提取方法研究[J]. 遥感信息, (5)：36-40.

李胜, 2005. 厦门市城市热岛, 径流量和不透水面的遥感信息提取研究[D]. 福州：福州大学.

李玮娜, 杨建生, 李晓, 等, 2013. 基于 TM 图像的城市不透水面信息提取[J]. 国土资源遥感, 25(1)：66-70.

林冬凤, 徐涵秋, 2013. 厦门城市不透水面及其热环境效应的遥感分析[J]. 亚热带资源与环境学报, 8(3)：78-84.

林婉晴, 2015. 城市不透水面信息提取方法及应用研究[D]. 福州：福建师范大学.

刘正春, 2012. 多端元光谱混合分析方法研究[D]. 长沙：中南大学.

毛文婷, 王旭红, 祝明英, 等, 2015. 基于 Landsat8 遥感图像信息容量与城市不透水面指数的关系研究[J]. 华中师范大学
　　学报（自然科学版）, 49(4)：608-614.

穆亚超, 颉耀文, 张玲玲, 等, 2017. 一种新的增强型不透水面指数[J]. 测绘科学, (2)：1-8.

潘竟虎, 刘春雨, 李晓雪, 2009. 基于混合光谱分解的兰州城市热岛与下垫面空间关系分析[J]. 遥感技术与应用, (4)：462-468.

孙志英, 赵彦锋, 陈杰, 等, 2007. 面向对象分类在城市地表不可透水度提取中的应用[J]. 地理科学, 27(6)：837-842.

王浩, 吴炳方, 李晓松, 等, 2011. 流域尺度的不透水面遥感提取[J]. 遥感学报, 15(2)：388-400.

徐涵秋, 2008. 一种快速提取不透水面的新型遥感指数[J]. 武汉大学学报（信息科学版）, 33(11)：1150-1153.

杨爱民, 王飞红, 于颂, 2014. 一种基于 TM 影像的不透水面信息提取方法[J]. 测绘通报, 9：81-83.

杨朝斌, 何兴元, 张树文, 等, 2016. 基于线性光谱模型的城市不透水面遥感估算[J]. 地球环境学报, 7(1)：77-86.

杨华杰, 2013. 基于 Landsat 遥感数据的杭州不透水地面提取与分析[D]. 杭州：浙江大学.

杨凯文, 2012. 城市不透水面遥感估算[J]. 现代测绘, 35(3)：11-14.

袁超, 2008. 基于光谱混合分解模型的城市不透水面遥感估算方法研究[D]. 长沙：中南大学.

岳文泽, 吴次芳, 2007. 基于混合光谱分解的城市不透水面分布估算[J]. 遥感学报, 11(6)：914-922.

岳玉娟, 周伟奇, 钱雨果, 等, 2015. 大尺度不透水面遥感估算方法比较——以京津唐为例[J]. 生态学报, 35(13)：4390-4397.

张静敏, 汤江龙, 2016. 南昌市城市不透水面及其与城市热岛的关系分析[J]. 湖北民族学院学报（自然科学版）, 34(4)：475-480.

周淑玲, 徐涵秋, 2010. 福建晋江沿岸近 21 年来成片开发土地的时空变化遥感分析[J]. 地球信息科学, 12(1)：103-110.

Braun M，Herold M，2004. Mapping imperviousness using NDVI and linear spectral unmixing of ASTER data in the Cologne-Bonn
　　region（Germany）[C]. International Society for Optics and Photonics：274-284.

Cablk M E，Minor T B，2003．Detecting and discriminating impervious cover with high-resolution IKONOS data using principal component analysis and morphological operators[J]．International Journal of Remote Sensing，24(23)：4627-4645．

Dams J，Dujardin J，Reggers R，et al.，2013．Mapping impervious surface change from remote sensing for hydrological modeling[J]．Journal of Hydrology，485：84-95．

Demarchi L，Chan J C W，Ma J，et al.，2012．Mapping impervious surfaces from superresolution enhanced CHRIS/Proba imagery using multiple endmember unmixing[J]．ISPRS Journal of Photogrammetry and Remote Sensing，72：99-112．

Deng C，2015．Incorporating endmember variability into linear unmixing of coarse resolution imagery：Mapping large-scale impervious surface abundance using a hierarchically object-based spectral mixture analysis[J]．Remote Sensing, 7(7)：9205-9229．

Deng C，Wu C，2012．BCI：A biophysical composition index for remote sensing of urban environments[J]．Remote Sensing of Environment，127：247-259．

Deng C，Wu C，2013a．The use of single-date MODIS imagery for estimating large-scale urban impervious surface fraction with spectral mixture analysis and machine learning techniques[J]．ISPRS Journal of Photogrammetry and Remote Sensing，86：100-110．

Deng C，Wu C，2013b．A spatially adaptive spectral mixture analysis for mapping subpixel urban impervious surface distribution[J]．Remote Sensing of Environment，133：62-70．

Deng Y，Fan F，Chen R，2012．Extraction and analysis of impervious surfaces based on a spectral un-mixing method using Pearl River Delta of China Landsat TM/ETM+ imagery from 1998 to 2008[J]．Sensors，12(2)：1846-1862．

Du P，Xia J，Feng L，2015．Monitoring urban impervious surface area change using China-Brazil Earth Resources Satellites and HJ-1 remote sensing images[J]．Journal of Applied Remote Sensing，9(1)：096094．

Elvidge C D, Tuttle B T, Sutton P C, et al.，2007．Global distribution and density of constructed impervious surfaces[J]．Sensors, 7(9)：1962-1979．

Fan F，Deng Y，2014．Enhancing endmember selection in multiple endmember spectral mixture analysis (MESMA) for urban impervious surface area mapping using spectral angle and spectral distance parameters[J]．International Journal of Applied Earth Observation and Geoinformation，33：290-301．

Fan F，Fan W，2014．Understanding spatial-temporal urban expansion pattern (1990–2009) using impervious surface data and landscape indexes：A case study in Guangzhou (China)[J]．Journal of Applied Remote Sensing，8(1)：083609．

Fan F，Fan W，Weng Q，2015．Improving urban impervious surface mapping by linear spectral mixture analysis and using spectral indices[J]．Canadian Journal of Remote Sensing，41(6)：577-586．

Gao Z H，Zhang L，Li X Y，et al.，2010．Detection and analysis of urban land use changes through multi-temporal impervious surface mapping[J]．Journal of Remote Sensing，14(3)：593-606．

Guo W，Lu D，Wu Y，et al.，2015．Mapping impervious surface distribution with integration of SNNP VIIRS-DNB and MODIS NDVI data[J]．Remote Sensing，7(9)：12459-12477．

Hester D B，Cakir H I，Nelson S A C，et al.，2008．Per-pixel classification of high spatial resolution satellite imagery for urban land-cover mapping[J]．Photogrammetric Engineering & Remote Sensing，74(4)：463-471．

Hu X，Weng Q，2009．Estimating impervious surfaces from medium spatial resolution imagery using the self-organizing map and multi-layer perceptron neural networks[J]．Remote Sensing of Environment，113(10)：2089-2102．

Hu X，Weng Q，2011．Impervious surface area extraction from IKONOS imagery using an object-based fuzzy method[J]．Geocarto International，26(1)：3-20．

Im J，Lu Z，Rhee J，et al.，2012. Impervious surface quantification using a synthesis of artificial immune networks and decision/regression trees from multi-sensor data[J]. Remote Sensing of Environment，117：102-113.

Kaspersen P S，Fensholt R，Drews M，2015. Using Landsat vegetation indices to estimate impervious surface fractions for European cities[J]. Remote Sensing，7(6)：8224-8249.

Keshava N，2003. Angle-based band selection for material identification in hyperspectral processing[J]. Proc. Spie., 5093:440-451.

Leinenkugel P，Esch T，Kuenzer C，2011. Settlement detection and impervious surface estimation in the Mekong Delta using optical and SAR remote sensing data[J]. Remote Sensing of Environment，115(12)：3007-3019.

Li L，Lu D，Kuang W，2016. Examining urban impervious surface distribution and its dynamic change in Hangzhou metropolis[J]. Remote Sensing，8(3)：265.

Li P，Guo J，Song B，et al.，2011. A multilevel hierarchical image segmentation method for urban impervious surface mapping using very high resolution imagery[J]. IEEE Journal of Selected Topics in Applied Earth Observations and Remote Sensing，4(1)：103-116.

Li W, Wu C, 2015. Incorporating land use land cover probability information into endmember class selections for temporal mixture analysis[J]. ISPRS Journal of Photogrammetry and Remote Sensing, 101: 163-173.

Li W，Wu C，2014. Phenology-based temporal mixture analysis for estimating large-scale impervious surface distributions[J]. International Journal of Remote Sensing，35(2)：779-795.

Li W，Wu C，2016. A geostatistical temporal mixture analysis approach to address endmember variability for estimating regional impervious surface distributions[J]. GIScience & Remote Sensing，53(1)：102-121.

Liu C，Shao Z，Chen M，et al.，2013. MNDISI: a multi-source composition index for impervious surface area estimation at the individual city scale[J]. Remote Sensing Letters，4(8)：803-812.

Lu D，Weng Q，2004. Spectral mixture analysis of the urban landscape in Indianapolis with Landsat ETM+ imagery[J]. Photogrammetric Engineering & Remote Sensing，70(9)：1053-1062.

Lu D，Weng Q，2006. Spectral mixture analysis of ASTER images for examining the relationship between urban thermal features and biophysical descriptors in Indianapolis，Indiana，USA[J]. Remote Sensing of Environment，104(2)：157-167.

Lu D, Tian H, Zhou G, et al.，2008. Regional mapping of human settlements in southeastern China with multisensor remotely sensed data[J]. Remote Sensing of Environment, 112: 3668-3679.

Lu D，Hetrick S，Moran E，2011a. Impervious surface mapping with QuickBird imagery[J]. International Journal of Remote Sensing，32(9)：2519-2533.

Lu D，Moran E，Hetrick S，2011b. Detection of impervious surface change with multitemporal Landsat images in an urban–rural frontier[J]. ISPRS Journal of Photogrammetry and Remote Sensing，66(3)：298-306.

Lu D, Li G, Kuang W, et al., 2014. Methods to extract impervious surface areas from satellite images[J]. International Journal of Digital Earth, 7(2): 93-112.

Luo L，Mountrakis G，2011. Converting local spectral and spatial information from a priori classifiers into contextual knowledge for impervious surface classification[J]. ISPRS Journal of Photogrammetry and Remote Sensing，66(5)：579-587.

Ma Q，He C，Wu J，et al.，2014. Quantifying spatiotemporal patterns of urban impervious surfaces in China: An improved assessment using nighttime light data[J]. Landscape and Urban Planning，130：36-49.

Miller J E，Nelson S A C，Hess G R，2009. An object extraction approach for impervious surface classification with very-high-resolution imagery[J]. The Professional Geographer，61(2)：250-264.

Mountrakis G，Watts R，Luo L，et al.，2009. Developing collaborative classifiers using an expert-based model[J]. Photogrammetric Engineering & Remote Sensing，75(7)：831-843.

Myint S W，Okin G S，2009. Modelling land-cover types using multiple endmember spectral mixture analysis in a desert city[J]. International Journal of Remote Sensing，30(9)：2237-2257.

Nagel P，Yuan F，2016. High-resolution land cover and impervious surface classifications in the twin cities metropolitan Area with NAIP imagery[J]. Photogrammetric Engineering & Remote Sensing，82(1)：63-71.

Parece T E，Campbell J B，2013. Comparing urban impervious surface identification using Landsat and high resolution aerial photography[J]. Remote Sensing，5(10)：4942-4960.

Powell R L，Roberts D A，Dennison P E，et al.，2007. Sub-pixel mapping of urban land cover using multiple endmember spectral mixture analysis：Manaus，Brazil[J]. Remote Sensing of Environment，106(2)：253-267.

Pu R, Xu B, Gong P, 2003. Oakwood crown closure estimation by unmixing of Landsat TM data[J]. International Journal of Remote Sensing, 24(22)：4433-4445.

Pu R，Gong P，Michishita R，et al.，2008. Spectral mixture analysis for mapping abundance of urban surface components from the Terra/ASTER data[J]. Remote Sensing of Environment，112(3)：939-954.

Roberts D A, Gardner M, Church R, et al.，1998. Mapping chaparral in the Santa Monica Mountains using multiple endmember spectral mixture models[J]. Remote Sensing of Environment, 65(3)：267-279.

Shackelford A K，Davis C H，2003. A combined fuzzy pixel-based and object-based approach for classification of high-resolution multispectral data over urban areas[J]. IEEE Transactions on GeoScience and Remote Sensing，41(10)：2354-2363.

Shahtahmassebi A，Yu Z，Wang K，et al.，2012. Monitoring rapid urban expansion using a multi-temporal RGB-impervious surface model[J]. Journal of Zhejiang University SCIENCE A，13(2)：146-158.

Shalaby A，Tateishi R，2007. Remote sensing and GIS for mapping and monitoring land cover and land-use changes in the Northwestern coastal zone of Egypt[J]. Applied Geography，27(1)：28-41.

Shao Y, Lunetta R S, 2011. Sub-pixel mapping of tree canopy, impervious surfaces, and cropland in the laurentian Great Lakes Basin using MODIS time-series data[J]. IEEE Journal of Selected Topics in Applied Earth Observations and Remote Sensing, 4(2)：336-347.

Sugg Z P，Finke T，Goodrich D C，et al.，2014. Mapping impervious surfaces using object-oriented classification in a semiarid urban region[J]. Photogrammetric Engineering & Remote Sensing，80(4)：343-352.

Sun G，Chen X，Jia X，et al.，2016. Combinational build-up index (CBI) for effective impervious surface mapping in urban areas[J]. IEEE Journal of Selected Topics in Applied Earth Observations and Remote Sensing，9(5)：2081-2092.

Sun Z，Guo H，Li X，et al.，2011. Estimating urban impervious surfaces from Landsat-5 TM imagery using multilayer perceptron neural network and support vector machine[J]. Journal of Applied Remote Sensing，5(1)：1.

Sung C Y，Li M H，2012. Considering plant phenology for improving the accuracy of urban impervious surface mapping in a subtropical climate regions[J]. International Journal of Remote Sensing，33(1)：261-275.

Tan K，Jin X，Du Q，et al.，2014. Modified multiple endmember spectral mixture analysis for mapping impervious surfaces in urban environments[J]. Journal of Applied Remote Sensing，8(1)：085-096.

Thapa R B，Murayama Y，2009. Urban mapping，accuracy，& image classification：A comparison of multiple approaches in Tsukuba City，Japan[J]. Applied Geography，29(1)：135-144.

Torbick N，Corbiere M，2015. Mapping urban sprawl and impervious surfaces in the northeast United States for the past four decades[J]. GIScience & Remote Sensing，52(6)：746-764.

Tsutsumida N，Comber A，Barrett K，et al.，2016. Sub-pixel classification of MODIS EVI for annual mappings of impervious surface areas[J]. Remote Sensing，8(2)：143.

Van de Voorde T，De Roeck T，Canters F，2009. A comparison of two spectral mixture modelling approaches for impervious surface mapping in urban areas[J]. International Journal of Remote Sensing，30(18)：4785-4806.

Villa P，2007. Imperviousness indexes performance evaluation for mapping urban areas using remote sensing data[C]. IEEE 2007 Urban Remote Sensing Joint Event：1-6.

Villa P，2012. Mapping urban growth using soil and vegetation index and landsat data：The Milan (Italy) city area case study[J]. Landscape and urban planning，107(3)：245-254.

Wang Z，Gang C，Li X，et al.，2015. Application of a normalized difference impervious index (NDII) to extract urban impervious surface features based on Landsat TM images[J]. International Journal of Remote Sensing，36(4)：1055-1069.

Weng Q，Hu X，2008. Medium spatial resolution satellite imagery for estimating and mapping urban impervious surfaces using LSMA and ANN[J]. IEEE Transactions on Geoscience and Remote Sensing，46(8)：2397-2406.

Weng Q，Hu X，Liu H，2009. Estimating impervious surfaces using linear spectral mixture analysis with multitemporal ASTER images[J]. International Journal of Remote Sensing，30(18)：4807-4830.

Weng F，Pu R，2013. Mapping and assessing of urban impervious areas using multiple endmember spectral mixture analysis：A case study in the city of Tampa，Florida[J]. Geocarto International，28(7)：594-615.

Wu C，2004. Normalized spectral mixture analysis for monitoring urban composition using ETM+ imagery[J]. Remote Sensing of Environment，93(4)：480-492.

Wu C，2009. Quantifying high - resolution impervious surfaces using spectral mixture analysis[J]. International Journal of Remote Sensing，30(11)：2915-2932.

Wu C，Murray A T，2003. Estimating impervious surface distribution by spectral mixture analysis[J]. Remote Sensing of Environment，84(4)：493-505.

Wu C，Deng C，Jia X，2014. Spatially constrained multiple endmember spectral mixture analysis for quantifying subpixel urban impervious surfaces[J]. IEEE Journal of Selected Topics in Applied Earth Observations and Remote Sensing，7(6)：1976-1984.

Xu H，2008. A new index for delineating built-up land features in satellite imagery[J]. International Journal of Remote Sensing，29(14)：4269-4276.

Xu H，2010. Analysis of impervious surface and its impact on urban heat environment using the normalized difference impervious surface index (NDISI) [J]. Photogrammetric Engineering & Remote Sensing，76(5)：557-565.

Xu H，Lin D，Tang F，et al.，2011. Remote sensing of impervious surface dynamics of Xiamen City，southeastern China[C]. IEEE 2011 19th International Conference on Geoinformatics：1-6.

Yang F，Matsushita B，Fukushima T，2010. A pre-screened and normalized multiple endmember spectral mixture analysis for mapping impervious surface area in Lake Kasumigaura Basin，Japan[J]. ISPRS Journal of Photogrammetry and Remote Sensing，65(5)：479-490.

Yang G，Pu R，Zhao C，et al.，2011. Estimation of subpixel land surface temperature using an endmember index based technique：A case examination on ASTER and MODIS temperature products over a heterogeneous area[J]. Remote Sensing of Environment，115(5)：1202-1219.

Yang J，He Y，2017. Automated mapping of impervious surfaces in urban and suburban areas：Linear spectral unmixing of high spatial resolution imagery[J]. International Journal of Applied Earth Observation and Geoinformation，54：53-64.

Yang L，Huang C，Homer C G，et al.，2003. An approach for mapping large-area impervious surfaces：Synergistic use of Landsat-7 ETM+ and high spatial resolution imagery[J]. Canadian Journal of Remote Sensing，29（2）：230-240.

Yu X，Shen Z，Cheng X，et al.，2016. Impervious surface extraction using coupled spectral–spatial features[J]. Journal of Applied Remote Sensing，10（3）：035013.

Yue W，2009. Improvement of urban impervious surface estimation in Shanghai using Landsat7 ETM+ data[J]. Chinese Geographical Science，19（3）：283-290.

Zha Y，Gao J，Ni S，2003. Use of normalized difference built-up index in automatically mapping urban areas from TM imagery[J]. International Journal of Remote Sensing，24（3）：583-594.

Zhang H，Zhang Y，Lin H，2012. A comparison study of impervious surfaces estimation using optical and SAR remote sensing images[J]. International Journal of Applied Earth Observation and Geoinformation，18：148-156.

Zhang J，He C，Zhou Y，et al.，2014. Prior-knowledge-based spectral mixture analysis for impervious surface mapping[J]. International Journal of Applied Earth Observation and Geoinformation，28：201-210.

Zhang X，Pan D，Chen J，et al.，2013a. Using long time series of Landsat data to monitor impervious surface dynamics：A case study in the Zhoushan Islands[J]. Journal of Applied Remote Sensing，7（1）：073515.

Zhang X，Xiao P，Feng X，2013b. Impervious surface extraction from high-resolution satellite image using pixel-and object-based hybrid analysis[J]. International Journal of Remote Sensing，34（12）：4449-4465.

Zhang Y，Chen L，He C，2009. Estimating urban impervious surfaces using LS-SVM with multi-scale texture[C]. IEEE 2009 Urban Remote Sensing Joint Event：1-6.

Zhang Y，Harris A，Balzter H，2015. Characterizing fractional vegetation cover and land surface temperature based on sub-pixel fractional impervious surfaces from Landsat TM/ETM+[J]. International Journal of Remote Sensing，36（16）：4213-4232.

Zhou Y，Wang Y Q，2008. Extraction of impervious surface areas from high spatial resolution imagery by multiple agent segmentation and classification[J]. Photogrammetric Engineering & Remote Sensing，74（7）：857-868.

# 第3章　全球和区域尺度不透水面信息遥感提取方法

全球地理变化是来自各种类型和各种尺度的地理单元生态系统变化的累计效应和交互作用效应的总体反应(于贵瑞 等，2004)。自工业革命以来，全球地理变化正在以前所未有的态势影响着地球各圈层的物质能量交换，进而有可能从根本上改变全球碳水循环在长期自然演化中所形成的动态平衡状态(Xie et al.，2015)。不透水面扩张作为由人类活动主导的全球土地覆盖变化的重要表现形式，其时空变化趋势和对陆地碳水通量的影响机制是目前全球环境变化研究的热点内容(Seto et al.，2012；陈镜明，2012；Ju et al.，2006；Govind et al.，2006；Froelich et al.，2015)。

在全球尺度上，不透水面扩张带来的直接结果是土地覆盖类型的改变，进而导致区域陆地生态系统功能退化。对于碳通量，绿色植物的减少直接影响生态群落光合作用产能，生态系统的碳吸收功能会受到干扰甚至被逆转，从碳汇转变为碳源。对于水通量，植被的减少使本应被冠层截留的水分以降水的形式落到地表，与难以下渗的地表径流一起汇入河湖网络，导致区域蒸散量下降，生态系统的水分涵养能力被削弱。因此，深入了解不透水面扩张对陆地生态系统碳水通量的影响，对有关各方制定可持续发展战略和应对全球性和区域性环境变化具有重要的科学意义。

在国家尺度上，每个国家都在经历城市化的不同发展阶段，并参与全球经济一体化的合作。一个国家的政策也影响着本国的土地利用和土地覆盖，进而影响该国及区域的生态环境，并对全球环境产生影响。

## 3.1　全球和区域尺度不透水面信息遥感提取需求

不透水面指不透水的人造硬化地表，主要包括屋顶、沥青或水泥道路以及停车场等具有不透水性的地球表面，与透水性的植被和土壤地表面相对应。不透水面多为居民区和商务区等人类活动密集区，大量的研究表明，不透水面与人口数量之间存在显著的相关性。随着城市化的不断发展以及城市化问题的不断涌现，利用遥感技术提取不透水面信息进行人口估算引起了学界的广泛关注。Azar 等(2010)利用遥感影像对海地 2003 年三级行政区的不透水面进行了提取，并利用 2003 年的人口统计数据建立了不透水面面积与人口数量的线性回归模型；同时，利用海地南方地区建立的不透水面与人口数量线性回归模型对北方地区进行了人口估算，以及利用海地北方地区建立的不透水面与人口数量线性回归模型对南方地区进行了人口估算，表明不透水面面积与人口数量存在着显著的相关性，可以利用两者的相关性进行人口估算。此外，Cornet 等(2012)建立了不透水面和其他土地利用类型与人口的多元线性回归模型。

陈镜明提取的时间序列的全球 8km 分辨率的叶面积指数产品，也可用于全球不透水面的相互验证(Liu et al., 2015)。

在全球尺度不透水面丰度提取方面，对单时相遥感影像进行不透水面丰度提取的研究中，尽管局部自适应方法较传统方法表现出更高的提取精度，但仍存在一定程度的漏检和错检现象，尤其是在不透水面分布较为集中的发达地区。考虑到同物异谱、同谱异物问题仍是制约光学遥感影像不透水面信息提取的主要困难之一，在未来的研究中是否能够在同一模型表示的框架内综合利用各种特征，尤其是空间特征与物候特征，进一步提高不透水面信息提取的准确性是值得思考的研究方向。在结合昼-夜遥感影像的多时相不透水面丰度信息提取的研究中，MODIS 植被指数与 DMSP-OLS 夜光数据来自不同的传感器观测平台，且后者存在光饱和问题。因此在下一步工作中考虑采用来自同一传感平台，且数据信息量更为丰富的 VIIRS 植被指数与夜光亮度影像值得尝试和进一步探讨。

对于区域尺度不透水面变化对碳水通量影响的研究仍需要今后长期的监测结果加以支持。尽管目前欧美国家城市化建设已趋于成熟，但从全球范围看，中国等众多发展中国家的城市化进程方兴未艾。在可预见的未来，以不透水面扩张为代表的人类活动主导下的土地覆盖变化仍将持续改变地球陆表的生态要素与空间格局，而遥感对地观测手段也将更为丰富与多样化。因此，在今后的相关研究工作中需要对多源和长时间序列数据进行整合与挖掘，力求为相关各方制定可持续的发展战略提供更为可靠的信息支持。

## 3.2　全球尺度不透水面信息遥感提取方法和产品介绍

美国国家海洋和大气管理局(National Oceanic and Atmospheric Administration，NOAA)国家地球物理数据中心地球观测小组生产了第一个全球尺度的不透水面产品(Christopher et al，2007)。

NOAA 国家地球物理数据中心地球观测小组，根据地球观测组织用 1km 分辨率提取的全球不透水面专题信息估算，全球 0.43% 的地球表面(579703km²)是不透水面(Christopher et al，2007)，这部分地表和人类的生活关系最为密切。人均不透水面面积较高的国家普遍都比较富裕,如美国、加拿大、挪威、瑞典、芬兰、西班牙、法国、巴林、文莱、卡塔尔和阿拉伯联合酋长国。这些国家中除了文莱都位于北半球。

此外，中国国家基础地理信息中心陈军院士团队研究了全球 30m 分辨率地表覆盖遥感制图的总体技术(陈军 等，2014)，完成了全球两期(2000 年和 2010 年)30m 分辨率地表覆盖数据产品的规模化研制，包含水体、湿地、人造覆盖、耕地、林地、灌木、草地、裸地、永久性冰雪、苔原 10 个主要类型。该产品中的人造覆盖主要是不透水面。

当前世界发展面临一系列挑战,如人口增长、城市化以及气候变化对粮食安全的影响、能源和水资源短缺、资源过度开采、生物多样性丧失和环境污染等。为维护人类健康和实现可持续发展目标，需要及时获得高分辨率的全球地表覆盖信息,从而能够更好地进行环境监测，而开发这样的产品，需要依赖大量的人力和很强的计算能力。

　　人工不透水面地表因光谱和空间结构异常复杂,使得高精度的全球不透水面信息提取存在极大挑战。传统方法仅依赖光学数据或雷达数据的制图策略往往很难将不透水面地表和裸地完全区分开,导致对不透水面地类存在较为严重的误分现象。

　　清华大学宫鹏教授团队基于研究组 2011 年以来在全球 30m 分辨率地表覆盖制图和在样本库建设方面的经验,结合 10m 分辨率 Sentinel-2 全球影像的完整存储和免费获取,以及 Google Earth Engine(GEE)平台强大的云计算能力,开发出世界首套 10m 分辨率的全球地表覆盖产品——FROM-GLC10。该数据为 2017 年的 10m 分辨率土地覆盖数据,主要类型包括农田、森林、草地、灌丛、湿地、水体、苔原、不透水层、裸地和冰雪。

　　该产品基于 2017 年在《科学通报》上发表的全球首套多季节样本库,涵盖 2014～2015 年 Landsat 8 影像、由专家解译得到的均匀覆盖全球的多季节样本。其中,训练集包含大约 340000 个不同大小的样本[(30m×30m)～(500m×500m)],覆盖全球约 93000 个样本点位;验证集包含大约 140000 个不同季节的样本,覆盖超过 38000 个样本点位。将该样本库应用于 2017 年获取的 Sentinel-2 影像,并基于随机森林分类器得到全球 10m 分辨率地表覆盖图。

　　作为当前最精细的全球地表覆盖数据,FROM-GLC10 使我国在全球地表覆盖制图方面继续走在前列,具备随时对世界任何地方农业、森林、水面等状况快速制图和监测的能力。

　　另外,国家地球系统科学数据中心也发布了全球 30m 分辨率不透水面数据产品(2015 年)。该产品由中国科学院空天信息创新研究院刘良云团队生产,为研究城市不透水面、监测人类活动强度和生态环境变化提供数据支撑。

　　刘良云团队提出了基于多源多时相遥感数据的不透水面提取算法和基于 GEE 平台的全球不透水面产品生产框架。首先,利用 GlobeLand30 地表覆盖产品、VIIRS 夜间灯光数据和 MODIS EVI 产品,自动提取全球高置信度的人工不透水面分类的训练样本。其次,利用多时相 Landsat-8 OLI 反射率特征、Sentinel-1 SAR 结构特征和 SRTM/ASTER DEM 地形特征,采用随机森林分类模型,以 5° 网格进行逐区块地自适应随机森林建模。最后,利用 GEE 云平台的数据、存储和计算资源以及随机森林分类模型,逐区块地生产不透水面产品,并经过地理拼接生产了 2015 年全球 30m 分辨率不透水面产品(MSMT_IS30-2015)。

## 3.3　美国全国 30m 分辨率不透水面信息遥感提取

　　美国地质勘探局(United States Geological Survey,USGS)用 30m 分辨率的 Landsat 数据提取全国不透水面信息,采用的是混合像元分解的方法。根据此专题产品统计得到,美国国土面积的 1.05% 属于不透水面,达到 83337km$^2$。平均每个人拥有 297m$^2$ 的不透水面。USGS 还计划未来缩短该产品的更新周期,并开始规划米级分辨率不透水面的产品生产。

## 3.4 中国内地 2m 分辨率不透水面信息遥感提取

作者团队利用商业高分辨率卫星数据和航空及地面车载数据,提出了一种多尺度多特征逐层融合的多分类器集成不透水面提取模型,于 2017 年年底首次完成中国内地 2m 分辨率不透水面一张图(邵振峰等,2018),这是全球首个米级分辨率的不透水面产品。具体技术路线如图 3-1 所示。

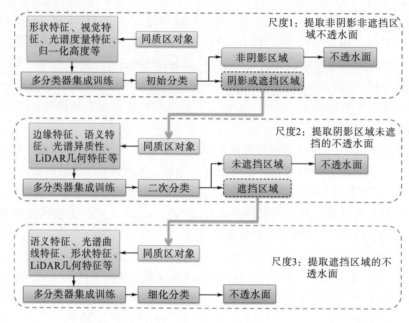

图 3-1 多尺度多特征逐层融合的多分类器集成不透水面信息提取技术路线

## 3.5 本 章 小 结

本章介绍了全球和区域尺度不透水面信息提取方法,首先分析了全球和区域尺度不透水面信息遥感提取科学问题,全球尺度不透水面信息提取的模型和方法很多,既包含传统光学遥感影像的遥感估算模型,也有利用夜光遥感等新型数据源的估算模型。该尺度不透水面信息提取方法的数据源主要是 MODIS 或 Landsat 影像,所以采用混合像元分解方法或像素方法较多。此外,还介绍了当前已有的全球尺度不透水面产品、美国 30m 分辨率不透水面产品以及作者团队完成的中国内地 2m 分辨率不透水面产品。

**本章参考文献**

陈镜明,2012. 陆地生态系统碳循环及其观测和模拟方法[M]//全球变化研究评论第三辑:地球系统科学前沿讲座. 北京:高
    等教育出版社.

陈军,陈晋,廖安平,等，2014. 全球 30m 地表覆盖遥感制图的总体技术[J]. 测绘学报, 43(6):551-557.

邵振峰，张源，黄昕,等，2018. 基于多源高分辨率遥感影像 2m 不透水面一张图提取[J]. 武汉大学学报(信息科学版)，
43(12):156-162.

于贵瑞，方华军，伏玉玲，等，2011. 区域尺度陆地生态系统碳收支及其循环过程研究进展[J].生态学报， 31(19)： 5449-5459.

Azar D, Graesser J, Engstrom R, et al., 2010. Spatial refinement of census population distribution using remotely sensed estimates of impervious surfaces in Haiti[J]. International Journal of Remote Sensing, 31(21):5635-5655.

Christopher E, Benjamin T, Paul S, et al.，2007. Global distribution and density of constructed impervious surfaces[J]. Sensors, 7(9): 1962-1979.

Cornet Y, Binard M, Ledant M, et al.，2012. Predicting the spatial distribution of population based on impervious surface maps and modeled land use change[C]. Symposium EARSEL 2012 - Advances in Geosciences.

Froelich N, Croft H, Chen J M, et al., 2015. Trends of carbon fluxes and climate over a mixed temperate–boreal transition forest in southern Ontario, Canada[J]. Agricultural & Forest Meteorology, 211-212:72-84.

Govind A, Chen J M, Margolis H, et al.，2006. Topographically driven lateral water fluxes and their influence on carbon assimilation of a black spruce ecosystem[J]. Spectrochimica Acta, 61(3):340-350.

Ju W, Chen J M, Black T A, et al.，2006. Modelling multi-year coupled carbon and water fluxes in a boreal aspen forest[J]. Agricultural & Forest Meteorology, 140(1):136-151.

Liu Y, Liu R, Chen J M, 2015. Retrospective retrieval of long‐term consistent global leaf area index (1981–2011) from combined AVHRR and MODIS data[J]. Journal of Geophysical Research Biogeosciences, 117(G4):4003.

Seto K C, Guneralp B, Hutyra L R，2012. Global forecasts of urban expansion to 2030 and direct impacts on biodiversity and carbon pools[J]. Proceedings of The National Academy of Sciences of the United States of America, 109(40): 16083-16088.

Xie X, Liang S, Yao Y，2015. Detection and attribution of changes in hydrological cycle over the Three-North region of China: Climate change versus afforestation effect[J]. Agricultural and Forest Meteorology, 203: 74-87.

# 第4章　流域尺度不透水面信息遥感提取方法

本章从提取流域不透水面信息需求出发，分析流域不透水面信息遥感提取和海绵城市模型构建需要解决的科学问题，设计可行的模型提取流域不透水面信息，支撑后续流域高精度数字海绵地面模型构建与分析。

流域是指由分水线所包围的河流集水区，通常分为地面集水区和地下集水区两类。如果地面集水区和地下集水区重合，称为闭合流域；如果不重合，则称为非闭合流域。平时所称的流域，一般都指地面集水区。

每条河流都有自己的流域，只要存在地表径流，该地表径流就一定属于某个流域。我们经常说长江流域、黄河流域，是指这个意义上的大流域。图 4-1 为流域示意图。

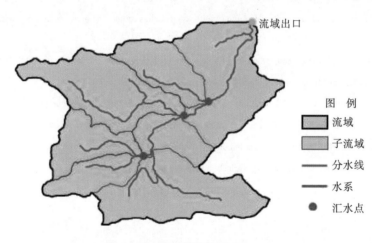

图 4-1　流域示意图

在水文地理研究中，流域面积是一个极为重要的数据。一个大流域可以按照水系等级分成数个小流域，小流域又可以分成更小的流域等。另外，也可以截取河道的一段，单独划分为一个流域。流域之间的分水地带称为分水岭，分水岭上最高点的连线为分水线，即集水区的边界线。流域面积的确定，可根据地形图勾出流域分水线，然后求出分水线所包围的面积。河流的流域面积可以计算到河流的任一河段，如水文站控制断面、水库坝址或任一支流的汇合口处。

处于分水岭最高处的大气降水，以分水线为界分别流向相邻的河系或水系。例如，中国秦岭以南的地面水流向长江水系，秦岭以北的地面水流向黄河水系。分水岭有的是山岭，有的是高原，也可能是平原或湖泊。山区或丘陵地区的分水岭明显，在地形图上容易勾绘出分水线。平原地区分水岭不显著，仅利用地形图勾绘分水线有困难，有时需要进行实地调查确定。水系是指流域内所有河流、湖泊等各种水体组成的水网系统。

# 4.1　流域尺度不透水面信息遥感提取需求

流域特征主要有流域面积、河网密度、流域形状、流域高度、流域方向或干流方向等。

流域面积：流域地面分水线和出口断面所包围的面积，在水文上又称为集水面积。这是河流的重要特征之一，其大小直接影响河流和水量及径流的形成过程。可以通过遥感影像定期提取流域面积内透水面、水面和不透水面占比。

河网密度：流域中干支流总长度与流域面积之比。单位是 km/km$^2$。河网密度表征水系发育的疏密程度，受到气候、植被、地貌特征、岩石土壤等因素的影响。

流域形状：对河流水量变化有明显影响。

流域高度：主要影响降水形式和流域内的气温，进而影响流域的水量变化。

流域方向或干流方向：对冰雪消融时间有一定的影响。

流域根据其中的河流最终是否入海可分为内流区（或内流流域）和外流区（外流流域）。

例如，长江流域是指长江干流和支流流经的广大区域，横跨中国东部、中部和西部三大地区，共计 19 个省（自治区、直辖市），是世界第三大流域。长江全长 6397km，流域总面积为 180 万 km$^2$，占中国国土总面积的 18.8%，流域内有丰富的自然资源。

流域内城市的水系统也可以由多个水系构成，如武汉市就有多达 22 个水系，其中南湖片区水系内涝最为严重。流域或水系在雨季因为持续强降雨可能存在内涝的风险，因此需要模拟和监测流域内暴雨与内涝风险的关系，当前这样的模型有 InforWorks（图 4-2）和 SWMM（图 4-3）等。其中，不透水面的提取是构建流域可持续发展模型的重要依托。对于区域洪涝灾害而言，借助土地利用类型的不透水面盖度差异估算分布式水文模型的参数，有助于在流域或水系内洪水灾害评估中建立量化的模型。

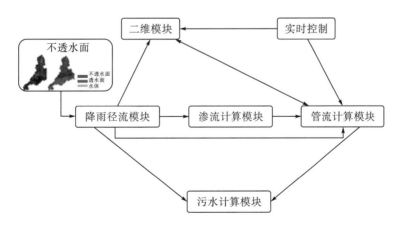

图 4-2　InforWorks 模型结构及计算关系图

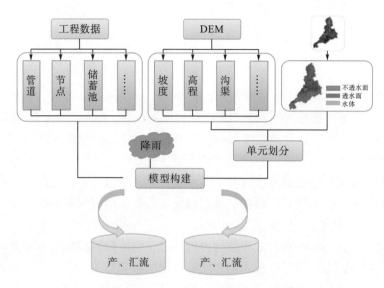

图 4-3　SWMM 模型及其对流域或水系不透水面的需求

## 4.2　流域不透水面信息遥感提取方法

　　流域或水系通常都是覆盖范围较大的区域,因此其不透水面信息通常都采用中低分辨率影像作为数据源,以 2.4 节所述的基于影像分类的不透水面信息遥感提取方法来提取。

　　本节以一种改进的半监督模糊 C 均值聚类算法(Zhang et al.,2017)为例,提取珠江三角洲流域的不透水面信息。

　　传统的模糊 C 均值聚类(fuzzy C-means clustering,FCM)算法的主要思想是通过计算单一像元属于不同类别中心的隶属度从而达到分类的目的。然而传统的 FCM 算法是基于欧氏距离的,其对噪声没有很强的鲁棒性。本书介绍的改进的半监督模糊 C 均值聚类算法是在传统 FCM 算法的基础上,利用 DTW 距离替代传统算法中的欧氏距离,再结合半监督思想得到不透水面的聚类结果。该算法主要分为以下步骤。

　　步骤 1:确定地物类别数目、加权指数和迭代次数。时相光谱特征集 $X = \{x_i\}$, $x_i = \left(x_i^1, x_i^2, \cdots, x_i^d\right)$, $i = 1, 2, \cdots, n$。其中, $n$ 为样本数目, $d$ 为 $x_i$ 样本的时间维度。设 $u_{ik}$ 为 $x_i$ 针对各地物类别的隶属度,隶属度越大,表明 $x_i$ 属于某一类别的概率越大。其中, $k = 1, 2, \cdots, c$, $c$ 为地物类别数目。

　　步骤 2:设置样本权重。$w_i$ 为样本 $x_i$ 的权重,目的是将聚类中心向与其时相光谱特征最相似的方向进行样本调整。

　　步骤 3:定义改进的半监督模糊 C 均值聚类的目标函数:

$$J(U,C) = (1-\alpha)\sum_{k=1}^{c}\sum_{i=1}^{n} w_i u_{ik}^2 D_{ik}^2 + \alpha \sum_{k=1}^{c}\sum_{i=1}^{n} w_i \left(u_{ik} - f_{ik}\right)^2 D_{ik}^2 \tag{4-1}$$

$$\text{s.t.} \sum_{i=1}^{c} u_{ik} = 1 \tag{4-2}$$

式中，$f_{ik}$ 表示有类别标签样本的隶属度矩阵；$\alpha \in [0,1]$ 为 $f_{ik}$ 在聚类算法中的权重，如果 $\alpha$ 为 0，则该优化目标为普通的加权 FCM 算法；$D_{ik}$ 为样本到聚类中心的距离。

步骤 4：通过迭代求解隶属度矩阵、聚类中心：

$$u_{ik} = \frac{1}{\sum\limits_{k=1}^{c} \dfrac{D_{ik}^2}{D_{jk}^2}} + \alpha\left( f_{ik} - \frac{\sum\limits_{j=1}^{c} f_{jk}}{\sum\limits_{i=1}^{c} \dfrac{D_{ik}^2}{D_{ik}^2}} \right) \tag{4-3}$$

$$C_k = \frac{\sum\limits_{i=1}^{n} w_i u_{ik}^2 x_i}{\sum\limits_{i=1}^{n} w_i u_{ik}^2} \tag{4-4}$$

改进的半监督模糊 C 均值聚类算法充分利用样本集的先验知识，并根据时相光谱相似性特征指标调整聚类中心，提高不透水面的聚类精度。其算法流程如图 4-4 所示。

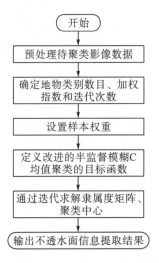

图 4-4　改进的半监督模糊 C 均值聚类算法流程图

珠江三角洲位于广东省中南部，是广东省最大的平原，地理坐标为东经 112°45′～113°50′、北纬 21°31′～23°10′，是由珠江水系的西江、北江、东江及其支流带来的泥沙在珠江口河口湾内堆积而成的复合型三角洲。珠江三角洲流域面积为 45 万 km²，河网区面积为 9750km²，河网密度为 0.8km/km²，主要河道有 100 多条、长度约为 1700km，水道纵横交错，相互贯通。本书采用改进的半监督模糊 C 均值聚类算法对珠江三角洲进行不透水面信息提取，数据源为 Landsat 卫星遥感影像。图 4-5 为 2000 年 1 月 2 日珠江三角洲区域 Landsat ETM+影像，使用波段 5、波段 4 和波段 3 合成的假彩色影像。2000 年珠江三角洲不透水面信息提取结果如图 4-6 所示，在该年份，珠江三角洲不透水面总面积为 3786.33km²。

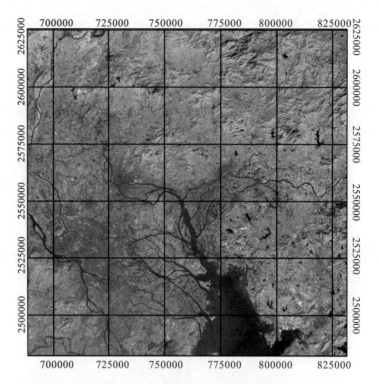

图 4-5 珠江三角洲研究区地理位置(km)

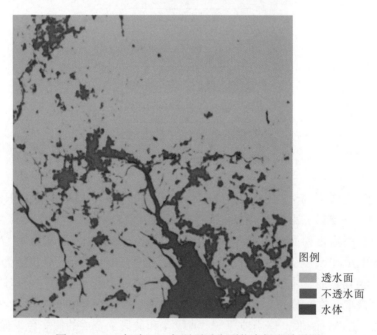

图例

透水面

不透水面

水体

图 4-6 2000 年珠江三角洲不透水面信息提取结果图

## 4.3　子流域特征和子流域不透水面信息遥感提取

巢湖属于长江流域，巢湖流域卫星影像图如图 4-7 所示，下垫面分类结果如图 4-8 所示，其中植被和裸地属于透水面，房屋和城市道路属于不透水面。

图 4-7　巢湖流域卫星影像图

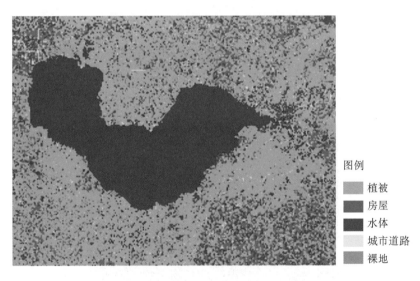

图例

- 植被
- 房屋
- 水体
- 城市道路
- 裸地

图 4-8　巢湖流域下垫面分类结果图

水系的特征可以用各种计算参数表示。主要的参数包括：河网密度、河系发育系数、河系不均匀系数、湖泊率和沼泽率等。

1. 河网密度

河网密度为水系总长与水系分布面积之比，表示每平方公里面积上河流的长度。其值与地区的气候、岩性、土壤、植被覆盖等自然环境以及人类改造自然的各种措施有关。在相似的自然条件下，河网密度越大，河水径流量也越大。

### 2. 河系发育系数

河系发育系数为各级支流总长度与干流长度之比。一级支流总长度与干流长度之比称为一级河网发育系数，二级支流总长度与干流长度之比称为二级河网发育系数。河流的发育系数越大，表明支流长度超过干流长度越多，对径流的调节作用越有大。

### 3. 河系不均匀系数

河系不均匀系数为干流左岸支流总长度和右岸支流总长度之比，表示河系不对称程度。河系不均匀系数越大，表明两岸汇入干流的水量越不平衡。

### 4. 湖泊率和沼泽率

湖泊率和沼泽率为水系内湖泊面积或沼泽面积与水系分布面积(流域面积)之比。由于湖泊或沼泽能调节河水流量，促使河流水量随时间的推移趋于均匀，减少洪水灾害和保证枯水季节用水。因此，湖泊率和沼泽率越大，对径流的调节作用越显著。

## 4.4　珠江三角洲流域不透水面信息遥感提取实践

本节选择珠江三角洲流域为实验区，其在卫星影像上的地理位置如图 4-9 所示，采用第 2 章的线性混合像元分解模型，提取珠江三角洲流域不透水面信息。珠江三角洲流域属于亚热带气候，年均温度为 21～23℃，年均降水量为 1500～2500mm。该地区常年处于雨季，本章从 USGS 下载 Landsat 系列卫星数据。2015 年，珠江三角洲流域不透水面信息提取结果如图 4-10 所示，不透水面面积为 5992.31 km$^2$，相比于 2000 年，其面积增长了近 58%。

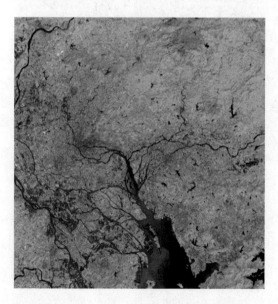

图 4-9　2015 年珠江三角洲流域卫星影像图

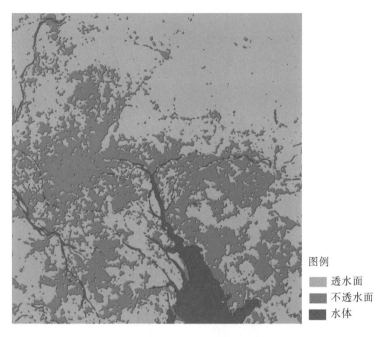

图例

透水面

不透水面

水体

图 4-10　2015 年珠江三角洲流域不透水面信息提取结果图

利用遥感技术研究城市中日益严重的环境、生态问题，已经成为遥感应用的重要方向之一。按低影响开发度来规划流域可持续发展模型不仅能够有效缓解当前流域内涝灾害、雨水径流污染、水资源短缺等突出问题，还有利于修复流域水生态环境。

宋毅等（2014）对滇池流域不透水面信息的遥感提取进行了研究，基于滇池流域 2001年、2009 年两期的 ETM+/TM 影像数据，对两期遥感影像采取监督分类的神经网络方法进行分析提取，得到滇池流域不透水面分布图，将遥感原始影像作为真实参考数据，结合 Google Earth 高清影像，选择评价样本对 2001 年、2009 年两期影像分类结果进行定量化的精度评价。从宏观方向上分析城市化背景下滇池流域不透水面覆盖变化；对提取的两期不透水面分布图（图 4-11 和图 4-12）进行分析统计，得出 2001 年滇池流域的不透水面面积为 341.24km$^2$，2009 年滇池流域的不透水面面积增至 551.94km$^2$，增长率达到了 61.75%。根据滇池流域不透水面面积增长情况来看，主要增长趋势为滇池北部的昆明主城区呈辐射状增长；昆明市区东北方向有个明显增长的条带状地区，该区是昆明市官渡区长水村，于 2007 年开始建设昆明长水国际机场，带动了当地的建设和发展；昆明主城区东南部有明显的增长，该区增长的主要原因是昆明市在 2008 年招商引资发展建设螺蛳湾国际商贸城，总规划面积达 3.8km$^2$，相关基础设施建设发展迅速；滇池东部也有明显增长（图 4-13）。

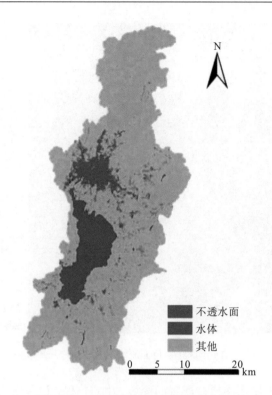

图 4-11  滇池流域 2001 年不透水面分布图(宋毅 等，2014)

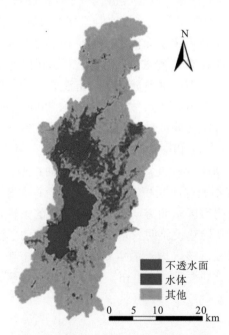

图 4-12  滇池流域 2009 年不透水面分布图(宋毅 等，2014)

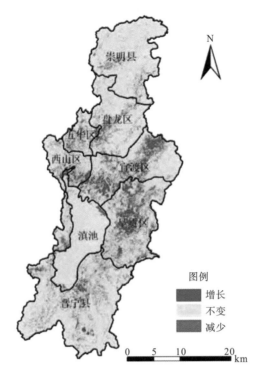

图 4-13 滇池流域 2001～2009 年不透水面变化分布图(宋毅 等，2014)

邵莉和杨昆(2012)采用线性光谱分离技术，实现 V-I-S 模型求解，从 2009 年 Landsat5 TM 数据中对洱海流域进行不透水面信息遥感提取，利用植被、高反照度、低反照度和裸土 4 种最终光谱端元的线性组合，模拟 TM 波谱特征，并对其分布范围、空间特征等进行了分析(图 4-14)。

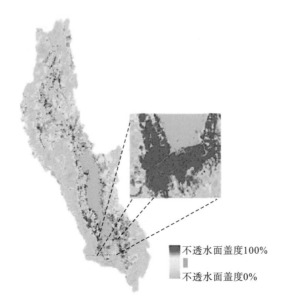

图 4-14 洱海流域及大理市周边不透水面分布图(邵莉和杨昆，2012)

王浩等(2011)以海河流域为研究区,采用 Landsat ETM+卫星影像和辅助土地利用数据相结合的方法,通过手工选取多个亮暗植被端元、高低反照度不透水面端元、干湿裸土端元,应用多端元的光谱混合分解模型快速提取不透水面盖度,并通过 NDVI 阈值选取、初始不透水面归一化等技术得到全海河流域准确的不透水面盖度分布(图 4-15)。

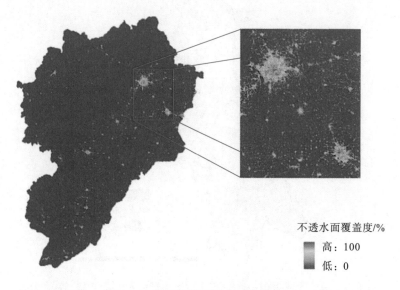

不透水面覆盖度/%

高:100

低:0

图 4-15　海河流域不透水面盖度分布

作者团队基于资源三号、高分一号和高分二号等高分遥感影像数据,对影像采用分幅处理,人工标记每幅影像的训练样本,通过构建融合多特征的不透水面信息提取模型,提取了长江流域省级区域不透水面信息。长江流域省级区域不透水面信息统计结果见表 4-1。

表 4-1　长江流域省级区域不透水面信息统计情况

| 序号 | 省级区域 | 不透水面占比/% |
|------|----------|----------------|
| 1 | 青海 | 1.75 |
| 2 | 西藏 | 2.76 |
| 3 | 四川 | 3.42 |
| 4 | 云南 | 2.44 |
| 5 | 重庆 | 3.77 |
| 6 | 湖北 | 3.76 |
| 7 | 湖南 | 4.71 |
| 8 | 江西 | 4.52 |
| 9 | 安徽 | 9.41 |
| 10 | 江苏 | 20.18 |
| 11 | 上海 | 35.00 |

　　目前，作者正在参与夏军院士领衔的国家自然科学基金重大项目"长江经济带水循环变化与中下游典型城市群绿色发展互馈影响机理及对策研究（NO.41890820）"，具体参与课题三"长江中下游典型城市水问题成因与调控机理"。多尺度不透水面是研究长江流域绿色发展、水灾害与水环境的系统作用机理和调控的重要参数，对揭示城市雨洪内涝与面源污染形成机制、探明以水循环为纽带的城市水系统作用关系，具有多学科交叉研究的价值和重要意义。同时，长江经济带发展是新时期国家三大发展战略之一，城市群是长江经济带建设的核心，作者团队紧密围绕以水为纽带的长江经济带及城市群发展面临的突出问题，以当前长江的治理与保护等方面的迫切实际需求为切入点，基于遥感技术提取流域多尺度不透水面信息，服务于长江经济带水循环变化与城市群绿色发展的交叉研究。

## 本章参考文献

邵莉, 杨昆, 2012. 洱海流域不透水面遥感信息提取技术研究[J]. 安徽农业科学, 2012（10）:585-588, 601.

宋毅, 杨昆, 赵旭东, 等, 2014. 基于 ETM+/TM 数据的滇池流域不透水面变化与城市热岛效应关系研究[J]. 科学技术与工程, 14（3）:49-54.

王浩, 吴炳方, 李晓松, 等, 2011. 流域尺度的不透水面遥感提取[J]. 遥感学报, 15（2）:388-400.

Zhang L, Weng Q H, Shao Z F, 2017. An evaluation of monthly impervious surface dynamics by fusing Landsat and MODIS time series in the Pearl River Delta, China, from 2000 to 2015[J]. Remote Sensing of Environment, 201: 99-114.

# 第 5 章　城市尺度不透水面信息遥感提取方法

在一定历史时期，不透水面所占的比例及其空间分布可作为衡量城市化发展程度的一个重要指标。随着人类对城市环境的关注，目前不透水率更多地被作为评价城市生态环境质量的一个指标。在城市化进程的初期，住房和交通等设施提升了城市人口的生活质量，然而，城市化的加速发展一定程度上导致不透水面大规模扩张，未合理控制不透水面比例的城区，生态环境会出现恶化，并制约整个城市的可持续发展。因此，提取城市尺度不透水面的空间分布并监测其动态变化，可作为对城市可持续发展的透水性体检，进而探索城市化对城市水文环境、地表热平衡以及生物多样性的影响，有助于城市设计者和决策者更科学地规划和推动城市化进程。

本章分析全球城市化进程带来城市不透水面进一步扩张的趋势，通过针对全国不透水面一张图的提取实践，探讨基于遥感影像提取城市尺度不透水面的技术难题，并对影响城市不透水面提取精度的影像预处理技术进行阐述。针对不透水面信息提取的核心任务，根据不同的数据源或场景复杂度，重点论述各类城市场景的不透水面信息提取方法。最后结合城市不透水面信息提取实例对提取结果进行对比分析，全面剖析城市尺度不透水面信息提取的技术细节。

## 5.1　全球城市化进程导致城市不透水面的扩张

快速城市化是土地利用覆盖变化的重要原因。20 世纪以来，城市化成为最显著的人类活动过程，目前全球超过 60% 的人口居住在城市地区。中国是世界上城市化发展最为快速的国家之一。

大规模土地利用覆盖变化改变了城市生态系统的结构，已经引起城市热岛效应、非点源污染、大气污染、生物多样性降低等系列生态环境问题。随着城市化进程的快速推进，城市生态环境问题引起了公众、政府和科学家的广泛关注，成为多学科交叉研究的热点问题。

2005 年，国家自然科学基金委员会将城市景观格局效应作为区域可持续发展需要重点研究的关键科学问题之一(邵振峰等，2018)。作为支撑全球变化研究的战略措施之一，2005 年年底，国际上也启动了"城市化与全球环境变化"等一系列以城市区域研究为着眼点的国际研究计划，其中，城市土地利用和土地覆盖变化如何影响全球环境变化已成为当前国际全球环境变化人文因素计划(International Human Dimensions Programe on Global Environmental Change，IHDP)多学科联合攻关研究的核心科学问题和重要内容(李杨帆等，2008)。

城市化快速发展最典型的特征之一是城市不透水面迅速增加。城市不透水面作为城市土地利用或土地覆盖的基本类型，一方面可以用来监测城市的土地利用覆盖变化；另一方面，城市不透水面的增加也是城市生态环境面临压力的一个重要原因。因此，城市不透水面是当前城市化生态环境效应研究的切入点之一，被当作城市生态环境的指示指标之一。不透水面盖度高的地方，地表能量更多地表现为显热交换形式，严重影响了城市热环境空间分布的异质性，城市不透水面的热环境效应在全世界范围内备受关注。

　　城市是人类生产和生活的主要场所。随着经济发展和城市化进程的加快，人类的各种生产建设活动正在日益改变着城市及其周边的自然环境和土地覆盖类型。如图 5-1 所示，1950～2030 年世界城市化发展变化迅速。有数据预测，至 2030 年，全球新增城市面积将达到 120 万 km$^2$，其中几乎一半的贡献来自亚洲，尤其是中国和印度等发展中国家。

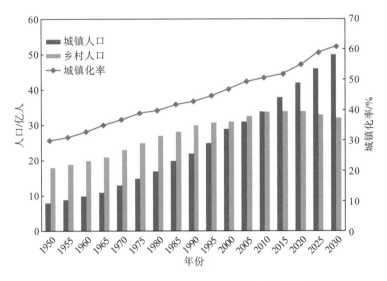

图 5-1　1950～2030 年世界城市化发展变化

　　中国是全球最大的发展中国家，同时也是受城市化影响较为显著的国家。据中国国家遥感中心《全球生态环境遥感监测 2013 年度报告》，截至 2010 年，我国的城镇总面积为 16.1 万 km$^2$，仅次于美国，位居全球第二位。如图 5-2 所示，中国城镇房屋建筑面积急速扩大，2010 年面积为 1985 年的 20 倍。另外，国家统计局公布的 2016 年多项宏观经济数据显示，从城乡结构看，我国 2016 年城镇常住人口为 79298 万人，比 2015 年年末增加 2182 万人，乡村常住人口为 58973 万人，减少 1373 万人，城镇人口占总人口比例(城市化率)为 57.35%，较 2015 年上升 1.25 个百分点，较 2006 年(44.34%)提升 13.01 个百分点(图 5-3)。

　　作为城市化的显著特征之一，不透水面被定义为地表水不能渗透的人工材料硬质表面。不透水面是城市的基质景观，并主导着城市的景观格局与发展过程。城市不透水面一直以来被认为是衡量城市生态环境状况的一个重要指标，它可以用来检测城市生态环境变化以及城市中人与自然的和谐状况，如城市土地利用分类、居住人口评估、城市利用规划和城市环境评估等。不透水面大规模扩张导致城市生态系统物质循环受到影响，从而引发了一系列的生态问题，图 5-4 为不透水面可能引发的城市生态问题。

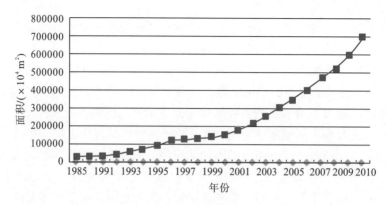

图 5-2　城镇房屋建筑面积走势

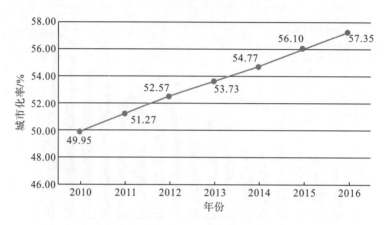

图 5-3　2010～2016 年中国城市化走势

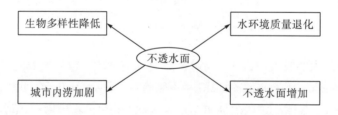

图 5-4　不透水面可能引发的城市生态问题

　　由图 1-2 可知，天然的城市地表可视为一个海绵体，既具备透水的特性，也具有涵养水分的能力。随着城市化的建设，不透水的各类人工目标(主要包括房屋、道路和停车场等)不断出现。当降雨量一定的情况下，不透水面的增加，会导致透过地表的水分减少；植被的减少也使得通过蒸腾作用带走的水分减少，留下来的地表径流就会增多，因此，不透水面从根本上改变了城市地表径流的再分配。不透水面通过改变城市下垫面结构，引起地表反照率、比辐射率、地表粗糙度的变化，从而对垂直方向辐射平衡产生直接影响；不透水面会增强地表显热通量，从而加剧城市热岛强度，改变局地气候，影响城市生态服务功能。不透水面的地理空间模式及渗透率均具有明显的区域水文效应，城市不透水面的扩张阻碍了地表水循环，导致地表径流量增加，城市内涝灾害风险增大，同时也影响污染物

的迁移分布。因此，城市不透水面覆盖度已被作为城市化进程中水文环境效应研究的重要
参数，不透水面的数量和空间分布对城市水文过程、水资源时空分布和水环境质量具有重
要的影响。

## 5.2　城市可持续发展的透水性体检需求

城市化进程带来城市自然景观的变化，部分农田、植被、水域等土地利用类型逐渐被
城市建筑和交通用地替代，房屋、机场、广场、停车场等人工建筑物越来越多，且多是沥
青、混凝土、石头、砖块等不透水材质。伴随着城市化进程的加快，不透水面大规模扩张
导致城市生态系统物质循环受到影响，进而导致城市微气候发生变化，从而引发了一系列
的生态问题。

不透水面面积的增加，往往以减小植被覆盖面积为代价，因而严重影响了城市的绿色
生态环境，也降低了植被对城市热岛效应的抑制作用，图 5-5 为城市植被分布示意图。

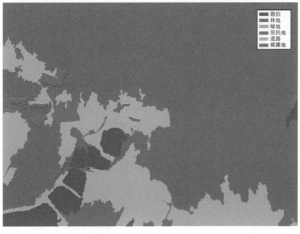

图 5-5　城市植被分布示意图

不透水面导致城市地表径流增加，进而导致洪水灾害、城市内涝的发生频率提高。

另外，非点源污染随着地表径流向河流湖泊传播，引起水质降低并且危害人体健康。当水体出现富营养化时，由于浮游植物中的叶绿素对近红外光具有明显的"陡坡效应"，因此这种水体兼有水体和植物的光谱特征，在彩色红外图像上，呈现红褐色或紫红色。基于武汉市东湖水体的观察和采样数据(3~5月)绘制波谱曲线，如图5-6所示，反映出富营养化对水体波谱的影响。

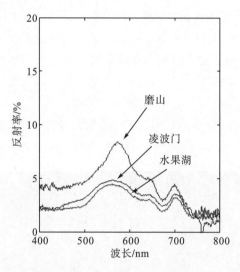

图 5-6　武汉市东湖水质波谱曲线

不透水面材质吸热较快，但是热容量小，因而在相同太阳辐射下，不透水面的地表温度高于自然地表，地表大气条件会因此发生变化，导致城市热岛效应加剧。基于遥感影像亮温图，一般可得到热岛效应的时空分布规律：城区温度高于郊区，建成区(通常为不透水率最高的区域)为高温区；按功能分区的城市温度分布规律为：工业区＞居住区＞植被区＞水域。图5-7为城市热岛影像对比图。

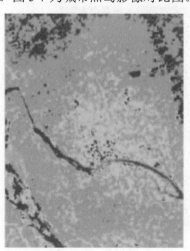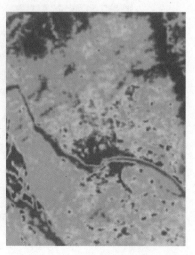

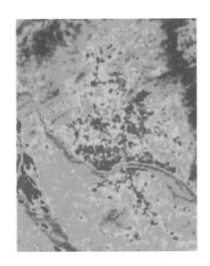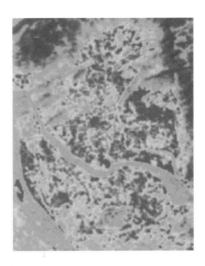

图 5-7　城市热岛影像对比图

因此，不透水面变化是引起城市生物地球化学循环、景观动态、热岛效应等生态环境变化的主要因素。

城市不透水面地表格局也是定量评估城市土地覆盖结构组合对人居环境产生影响的核心内容，研究城市不透水面信息的提取具有如下科学与现实意义。

(1)定量评估城市地表覆盖格局对城市生态系统服务热调节功能的胁迫关系，解答城市热环境从"科学量测"向"科学调控"发展的关键科学问题。

(2)可以为优化城市生产、生活、服务和生态空间布局，控制城市适度规模以及城市生态规划与整治提供科学参考。

因此，如何精确提取不透水面信息已成为目前国内外城市环境规划管理及"海绵型"生态城市研究领域的前沿与热点问题。不透水面在海绵城市建设中的重要性不言而喻，研究如何将不透水面信息用于定量化建模，应用于不透水面 InfoWorks 模型、暴雨洪水管理模型(storm water management model，SWMM)和考虑不透水面丰度影响的碳水通量估算非常重要。

随着城市不透水面的增加，在降水充沛季节极易造成地区积水。解决这一问题需要了解洪涝积水的机制，才能提出恰当的改善措施。如图 5-8 所示，InfoWorks CS 中包含了一维模型与二维模型，结合地面高程模型，能够准确地模拟地面积水的漫溢及消退过程。InfoWorks CS 产流计算有多种产流模型以供选择，如固定径流系数模型、英国可变径流模型、固定渗透模型等。其中，固定径流体积模型使用一个径流系数计算径流，包括透水面和不透水面在内的所有表面的总径流量。假定在一场降雨事件中径流损失为恒定值，由下式定义：

$$PR = 0.829*PIMP + 25.0*SOIL + 0.078*UCWI - 20.7 \tag{5-1}$$

式中，PR 为径流系数，%；PIMP 为集水区的不透水百分比，%，即不透水总面积占总贡献面积的百分数，%；UCWI(urban catchment wetness index)为城市集水区湿度指数；SOIL 为土壤含水量指数。

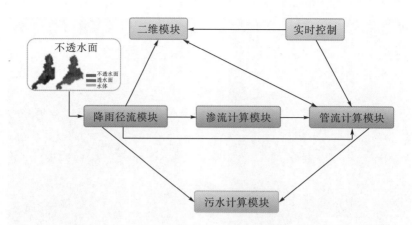

图 5-8　InforWorks 模型结构及计算关系图

SWMM 在城市水、污系统模拟，非城市区域降雨径流模拟中大量应用。SWMM 是分布式模型，可计算分析地形、排水路径、土地覆盖和土壤特征的空间变化对径流产生的效应。SWMM 具体分为独立的降雨模块、径流模块、水质模块、输送模块等(图 5-9)。

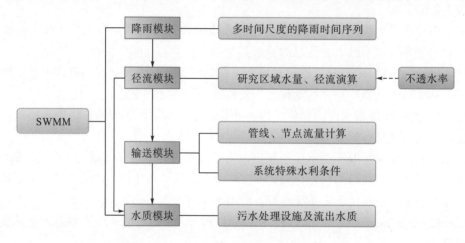

图 5-9　SWMM 模块功能及计算关系示意图

地面产流是净雨计算的过程，SWMM 根据汇水区的下垫面类型，采用不同的下渗或洼蓄公式。共分为三种形式。

①初损只包括洼蓄，适合不透水区。其产流量公式为

$$R_1 = P - L \tag{5-2}$$

式中，$R_1$ 为产流量，mm；$P$ 为降雨量，mm；$L$ 为洼蓄量，mm。

②初损只包含蒸发，适合不透水区，即没有洼蓄。其产流量公式为

$$R_2 = P - E \tag{5-3}$$

式中，$R_2$ 为产流量，mm；$P$ 为降雨量，mm；$E$ 为蒸发量，mm。

③透水区，初损包含洼蓄、下渗。其产流量公式为

$$R_3 = (i - f) * t \tag{5-4}$$

式中，$R_3$ 为透水面产流量，mm；$i$ 为降雨强度，mm/s；$f$ 为雨水下渗强度，mm/s；$t$ 为时间，s。

水分利用效率（water use efficiency，WUE）被定义为绿色植物消耗单位质量水分所固定的 $CO_2$，是定量表征碳水通量耦合关系的重要参数指标。在 WaSSI-C 模型中，WUE 的准确与否会直接影响碳通量估算的可靠性。原始 WaSSI-C 模型的 WUE 是由一些通量站点实测的 WUE 统计结果分析得到，并假设 WUE 在时间上不发生变化。原始 WaSSI-C 模型在估算陆地碳水通量时并没有考虑不透水面丰度的影响。针对这一问题，本书进行了相应改进。如图 5-10 所示，像素水平上的最终输出结果可以视为不透水面和自然地表碳水通量的和，其具体计算公式如下：

$$AET_{cell} = AET_{PER} + E_{ISA} \tag{5-5}$$

$$GPP_{cell} = GPP_{PER} = AET_{PER} * WUE \tag{5-6}$$

$$AET_{PER} = AET_{WaSSI-C} * (1 - f_{ISA}) \tag{5-7}$$

$$E_{ISA} = Pre * f_{ISA} * 0.195 \tag{5-8}$$

式中，$AET_{cell}$ 和 $GPP_{cell}$ 分别表示模型在像素水平最终输出的碳水通量结果；$AET_{PER}$ 表示自然地表对应的蒸散量；$GPP_{PER}$ 表示模型在像素水平最终输出的碳水通量结果；$E_{ISA}$ 表示不透水面对应的蒸发量；$AET_{WaSSI-C}$ 为原始计算得到的蒸散量；$f_{ISA}$ 为像素的不透水面丰度；Pre 表示月降水量；0.195 为降水在不透水面表面的蒸发经验系数。

通过地面调查和人工解译得到的不透水面信息虽然在局部区域精度较高，但仅适用于小范围地区。遥感影像由于具有面域和重复对地观测能力，近年来被广泛应用于城市不透水面信息的提取研究。基于遥感影像的城市不透水面信息提取的本质是对影像中不透水面表现出的特征进行分析和处理，进而建立起这些特征与不透水面相关信息（如像素位置）之间的定量关系。

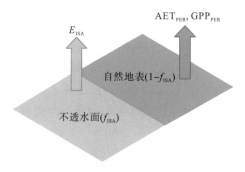

图 5-10　像素水平上考虑不透水面丰度的碳水通量估算示意图

## 5.3　基于遥感影像提取城市尺度不透水面信息的技术难题

城市的科学规划和可持续发展监测需要大比例尺的不透水面专题信息，这种尺度的不透水面信息遥感提取需要基于高分辨率的遥感影像。当前，从多源高分辨率遥感影像上提取城市不透水面信息仍然面临着一系列技术难题，除了 1.4 节提到的不透水面遥感提取的共性难题外，城市尺度的不透水面提取还存在以下需要解决的技术问题。

### 5.3.1　基于人工设计特征的不透水面信息遥感提取分类器的局限性

城市高分辨率遥感影像具有数据海量、尺度依赖、地物种类繁多和场景复杂等特点，基于单一或组合地层特征的遥感影像信息提取很难取得满意的结果。面对海量的遥感数据，传统的人工设计特征的策略已不再适用。如果采用人工勾选样本和后处理，进而采用监督分类的方法来提取不透水面信息，从选样本到人工修改结果的过程耗时较长，效率较低。

为了从海量遥感数据中快速而准确地提取到所需信息，实现自适应的特征学习是必要的。因此，需要研究基于深度学习模型等人工智能处理方法。

### 5.3.2　同物异谱和异物同谱具体问题

在水体分类中采用 BCI、NDWI 等指数有较好的分类效果，但是水体的纹理特征、光谱特征与阴影光谱相似度较高，造成水体与阴影的混淆。不仅仅是指数方法无法区分，利用指数与监督分类结合的方法也无法解决这一问题，因此，该问题需要进一步研究。

植被分类常用指数是 NDVI，但是单凭 NDVI 分类依旧会使植被与低反照率建筑混淆。在处理这一问题时，考虑到建筑各波段标准差较大这一特征，利用两个波段标准差乘积扩大这一差异，使植被与建筑分类更可行。

道路作为不透水面的典型类别之一，其精度极大地影响最终不透水面成图的质量和精度。道路在分类过程中容易与裸土、细长田埂混淆。为了提高道路分类精度，考虑到密度这一特征能有效区分细长对象，在利用该指数进行分类时解决了道路与块状裸土之间的混淆问题。但有待解决的问题是，从影像来看，细长田埂和较暗的道路很难区分，即便使用人工判别依旧可能会出错。因此，如何精确提高道路提取效果仍需继续研究。

为建设海绵城市，在研究城区不透水面时主要关注的是道路和建筑，城区建筑存在明显的区域聚集性，而利用指数进行分类时，分类结果较为离散，存在明显漏分和错分。在实际处理过程中，为保证建筑类型的识别精度，往往是人工调整分类结果，对于错分和漏分问题进行进一步改善，但这一步骤也是直接影响指数分类效率的主要原因。因此，提高建筑分类精度是接下来应主要研究的内容之一。

西部戈壁沙漠荒山地区面积很大，多为无人区，基本上属于透水面。穿越境内的有道路、铁路、桥梁、水系或者散落的居民点。单纯使用遥感影像很难精确提取各种信息，且需耗费大量时间和精力。

本书采集了广州市部分典型地物光谱曲线和武汉市青山片区透水材质光谱曲线，构建了如图 5-11 和图 5-12 所示的光谱库。

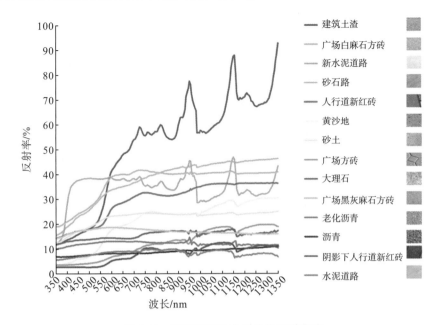

图 5-11　广州市部分典型地物光谱曲线

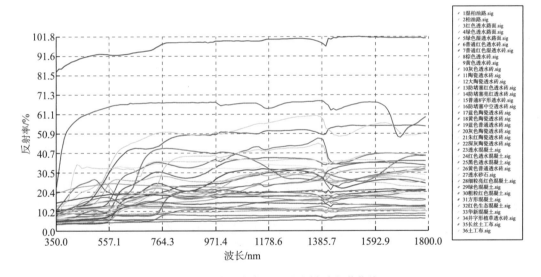

图 5-12　武汉市青山区透水材质光谱曲线

　　武汉海绵城市试点青山南干渠片区针对缺乏地形变化造成林下空间大面积积水、园路破损、游园整体雨水下渗能力有限等问题实施了海绵化改造，园内新增了植草沟、雨水花园和下沉式绿地，园内原有的硬质铺装全面换成透水材料(图 5-13)。

图 5-13　武汉市海绵城市试点青山南干渠片区主要透水材质图

### 5.3.3　城市地物多尺度差异问题

不透水面之间存在着规模的差异，单一尺度的不透水面信息提取必然会出现过分割或者分割不完全的情况。由于不同类型的不透水面具有其最适宜的分割尺度，为保证不透水面信息提取的精细化程度，正确反映城市复杂地表不透水面地理空间分布格局，需要了解不透水面随分割尺度变化的效应。如图 5-14 所示，不同尺度下分割效果不同。因此，不透水面尺度确定与各层次不透水面最优尺度选择成为同质区对象提取要解决的基本问题。故而，针对城市复杂地表不透水面地物多层次结构特点，分层次设定尺度阈值，根据各层

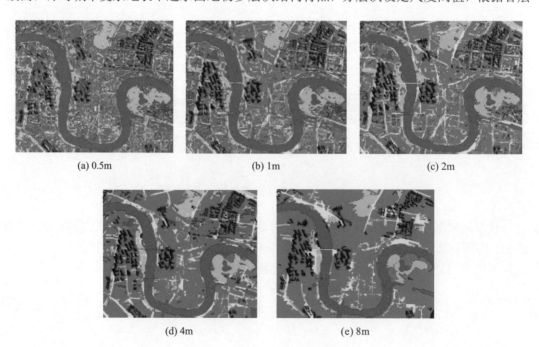

(a) 0.5m　　　　　　(b) 1m　　　　　　(c) 2m

(d) 4m　　　　　　(e) 8m

图 5-14　多尺度不透水面分割

次同质区对象的光谱和空间特征，同时加入 LiDAR 数据的高程信息，确定多特征异质度准则，基于同质区对象内部异质性最小和对象间异质性最大原则，使各尺度的同质分割达到最优化的程度，从而实现不透水面特征的多尺度表达。

高分辨率影像不透水面信息提取面临的问题是，在城市尺度，阴影下不透水面信息难以提取。如图 5-15 所示，房屋阴影下的不透水面信息难以被提取。

图 5-15  城市尺度不透水面信息提取

基于遥感影像提取不透水面信息面临着以下科学问题。

### 1. 面向对象高分辨率遥感影像阴影检测算法中参数作用评估及优化问题

阴影是高分辨率遥感影像中不可避免的现象，其覆盖区域地物的数据信息缺失会造成后续解译工作的困难，因此高分辨率遥感影像的阴影检测具有重要意义。尽管高分辨率遥感影像地物信息丰富、细节清晰，能够为更精细的解译工作提供有利的数据支撑，但是高分辨率影像中同一地物类内方差变大，使得该类影像采用传统的基于像素的处理方法容易产生椒盐噪声、精度不高的问题。利用面向对象的方法进行高分辨率遥感影像解译能够解决上述基于像素处理方法的问题。因此，面向对象的影像处理方法是高分辨率遥感影像解译的有效手段。

分割是面向对象方法中的重要步骤，不同的分割参数会直接影响对象的大小及分布，最终使得分类或者目标探测的精度受到影响。因此，分割参数的变化对最终精度的评估十分重要。多尺度分割融合了光谱及几何两方面的特征，对象分割效果好、完整性高，因而成为面向对象影像处理中最流行的分割算法之一。但是，多尺度分割中存在大量的参数，现有的面向对象的高分辨率遥感影像阴影提取算法中多用经验来确定多尺度分割参数，无法获取最优的参数组合与阴影提取结果。因此，如何评估多尺度分割参数对最终面向对象高分辨率遥感影像阴影提取算法的影响并进行参数优化是亟待解决的问题。

### 2. 多源多时相遥感数据间的观测差异问题

高分辨率遥感影像是精细尺度的城市不透水面信息提取的有效数据源。但是，高分辨率遥感影像不透水面信息提取常遇到阴影遮挡的问题，阴影遮挡造成阴影下地物中的不透水面信息不能被正确提取，因此如何精确获取高分辨率遥感影像阴影下的不透水面地物是精细尺度城市不透水面信息提取的关键问题。现有研究表明，融合同时期的 LiDAR 数据和高分辨率遥感影像可以识别阴影下的地物类别，实现较好的城市不透水面信息提取。但是，LiDAR 数据获取成本高，且数据处理困难，实际工作中很难周期性获取与高分辨率遥感影像同时期的数据。因此，采用不同时相的高分辨率遥感影像和 LiDAR 数据进行精细尺度的城市不透水面信息提取，需要解决多源多时相遥感数据观测的差异问题，如实际地物的变化等。

由于尺度效应，影像特征在不同空间分辨率遥感影像上并不完全一致，需要根据研究目的和适用的遥感数据源设计或选择不同的不透水面信息提取方法。基于 MODIS 等低分辨率遥感影像的不透水面信息提取方法则常用于国家乃至全球范围不透水面信息估算与制图。当空间尺度为区域时，主要选用 Landsat TM/ETM+、Hyperion、环境卫星等中分辨率遥感影像作为数据源。在城市尺度上，不透水面信息的提取往往转化为高分辨率遥感影像的二值分类问题。

城市不透水面信息提取并不是一个纯粹的遥感影像分类问题或单一的土地利用/土地覆盖问题，它还与城市规划和发展形态、城市建设所使用的材质等相关，因此，提取城市不透水面信息既要使用高分辨率影像的图特征或谱特征，还需要融合城市下垫面的空间特征和光谱特征。

# 5.4  城市不透水面信息遥感提取所需的影像预处理

针对 5.3 节提出的相关技术难题，有些是要在提取城市不透水面信息前对影像进行预处理，有些需要在提取过程中采用优化策略，本节重点论述影响城市不透水面信息提取精度的影像预处理。

## 5.4.1  城市影像颜色恒常性增强

受传感器镜头畸变、大气条件、地形等因素的影响，卫星传感器获取的遥感影像可能出现光谱偏差和云雾覆盖，导致地物的光谱信息发生改变；受硬件条件的限制，只能获取低分辨率的多光谱影像和高分辨率的全色影像，各自的信息量有限；人们能够获取多源遥感影像，但缺乏有效的综合分析处理手段。

颜色恒常性是人类视觉的一个重要特性，在不同光照条件下，物体的颜色会有所差异，而颜色恒常性有助于帮助人眼排除光照影响，还原物体颜色。为了保持彩色图像的颜色信息，不能直接将传统灰度图像增强技术应用于彩色图像上。遥感影像在获取过程中，可能会出现光照不够、偏色等现象，影响了地物的光谱信息。因此，对遥感影像进行颜色恒常性增强非常有必要。

颜色恒常性的算法是在色彩空间模型中通过保持色调(决定了颜色值的分量)不变来保证没有颜色偏移。通常将 RGB 空间向 HSV 或 HSI 空间转换，以消除颜色分量的相关性，其中 $H$ 表示色调，$S$ 表示饱和度，$I$ 或 $V$ 表示亮度，增强过程中均保证 $H$ 不变，调整 $S$、$I$ 或 $V$，从而达到颜色恒常的目的。这类算法由于需要进行色彩空间转换，因此比较耗时，不利于对图像进行实时性增强。同时，$S$ 分量也受到了调整，而本书认为，$S$ 分量是颜色信息的一个重要属性，应该尽量保证在增强过程中保持不变。因此，本书在分析颜色恒常性及其实现算法的基础上，提出了一种新的颜色恒常性算法，在保证色调不变的同时，尽可能减小对饱和度的改变。

在 HSV 空间中，H 和 S 分量的计算方法为

$$\begin{cases} H = \begin{cases} \arccos\varphi & G \geqslant R \\ 2\pi - \arccos\varphi & G < R \end{cases} \\ S = 1 - \dfrac{3\min(R,G,B)}{R+G+B} = 1 - \dfrac{3X_0}{R+G+B} = \dfrac{I-X_0}{I} \end{cases} \tag{5-9}$$

式中，$\varphi = \dfrac{(2B-G-R)/2}{\sqrt{(B-G)^2+(B-R)(G-R)}}$，$X_0 = \min(R,G,B)$，$I = (R+G+B)/3$。设处理前某像素点的颜色向量为 $\boldsymbol{X} = (R,G,B)$，比例伸缩参数为 $\alpha$，平移参数为 $\beta$，则经过平移和比例伸缩变换后的颜色向量为

$$\boldsymbol{X}' = (\alpha R + \beta, \alpha G + \beta, \alpha B + \beta) = \alpha\boldsymbol{X} + \beta \tag{5-10}$$

将 $\boldsymbol{X}'$ 代入式(5-9)计算可知，$\varphi' = \varphi$，因此 $H' = H$。

另外，计算 $S$ 分量可知，

$$S' = \dfrac{I'-X_0'}{I'} = \dfrac{\alpha(I-X_0)}{\alpha I + \beta} \tag{5-11}$$

如果在此像素点上的平移量 $\beta \approx 0$，则 $S' \approx S$，可以近似认为该像素点的饱和度也不变。在这种情况下，色调和饱和度都没有变化，则处理后图像的颜色信息将得到最大限度地保留。

本书提出的方法中，为计算比例伸缩参数 $\alpha$，先将彩色图像转化为亮度图像：

$$I = (R+B+G)/3 \tag{5-12}$$

亮度图像的均值反映了人眼对图像的总体感受，计算亮度图像的均值为

$$mv = \text{mean}(I) \tag{5-13}$$

式中，mean( )表示求均值函数。

采用自适应二次函数对亮度图像进行非线性变换，自适应二次函数定义为

$$y = \dfrac{mv}{127.5^2}(x-127.5)^2 + (255-mv) \tag{5-14}$$

式中，$mv$ 为图像的均值，易知当 $x=0$ 或者 $x=255$ 时，$y$ 取得最大值 255，因此变换后的灰度值不会因为超过 255 而溢出。则某一像素点处的亮度增益定义为

$$\lambda = \begin{cases} 0 & ,x=0 \\ \sqrt{\left[\dfrac{mv}{127.5^2}(x-127.5)^2 + (255-mv)\right]/x} & ,x>0 \end{cases} \tag{5-15}$$

式中，$x = \max(R,G,B)$，为当前像素点 RGB 灰度值的最大值。考虑到 RGB 之间的相关性，我们定义颜色增益 gain 的定义为

$$\text{gain} = f\left(\frac{x}{\text{sum}}\right) = \lg\left(1 + \frac{x}{\text{sum}+1} \times g\right) \tag{5-16}$$

式中，$x = \max(R,G,B)$、$\text{sum} = R + G + B$ 分别为当前像素点 RGB 灰度值的最大值与和；$\dfrac{x}{\text{sum}}$ 反映了该像素点的颜色信息；$f()$ 为映射函数，可以取一切函数；$g$ 为颜色增益常数；$\text{sum}+1$ 是为了防止除数为 0，$\dfrac{x}{\text{sum}+1} \times g + 1$ 是为了让 gain 始终大于等于 0。计算得到了当前像素点的颜色增益后，与该像素点的亮度增益相乘，即为最终的比例参数：

$$\alpha = \lambda \times \text{gain} \tag{5-17}$$

为防止溢出，可以对输出结果进行线性拉伸。实验中发现，如果单纯地对每个像素进行同比增强，则增强后的图像会比较模糊，这是因为同比增强虽然增加了图像的亮度，但是会削弱相邻像素之间的灰度差异，从而导致相邻像素的灰度值趋于相近。由于这些灰度差异表现为图像的边缘细节特征，因此只需要将这些细节特征重新加入处理后的图像中，即可恢复相邻像素之间的灰度差异。由于 B3 样条函数能够很好地拟合边缘曲线，本书选用 B3 样条卷积核与亮度图像进行卷积，原始图像减去卷积的结果即作为图像的边缘细节特征。5×5 的 B3 样条卷积核为

$$\boldsymbol{B} = \frac{1}{256}\begin{bmatrix} 1 & 4 & 6 & 4 & 1 \\ 4 & 16 & 24 & 16 & 4 \\ 6 & 24 & 36 & 24 & 6 \\ 4 & 16 & 24 & 16 & 4 \\ 1 & 4 & 6 & 4 & 1 \end{bmatrix} \tag{5-18}$$

定义某像素点的平移参数 $\beta$ 为该点的边缘细节特征，即：$\beta = I - \boldsymbol{B} * I$。其中，*为卷积操作；$I$ 为原始图像。最终的增强图像为

$$\begin{cases} R' = \alpha \times R + \beta \\ G' = \alpha \times G + \beta \\ B' = \alpha \times B + \beta \end{cases} \tag{5-19}$$

(a) 原始影像　　　　　　　　　　　　　　(b) 增强影像

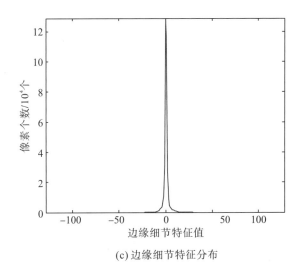

(c) 边缘细节特征分布

图 5-16　颜色恒常性增强结果

　　按照上述理论，只有当 $\beta \approx 0$ 时才能满足饱和度近似不变的条件。利用本书方法对一幅遥感影像进行增强，结果如图 5-16 所示。影像大小为 512 像素×512 像素。从图中可以发现，大量的边缘细节特征值分布在 0 附近，因此能较好地满足 $\beta \approx 0$ 的条件。

## 5.4.2　基于高斯尺度空间的城市影像融合

　　考虑到遥感影像融合过程是信息传递的过程，即将全色影像的空间细节信息和多光谱影像的光谱信息传递到融合后的结果影像中，可以用传递信息的多少来评价融合质量。另外，对于以人眼为最终信宿的影像，也需要考虑人眼视觉系统的特点。由于人眼视觉系统的侧抑制效应，边缘等空间细节特征和颜色纹理等光谱特征对于人眼识别目标的结构有着非常重要的意义。

　　高斯函数作为卷积核生成的尺度空间是目前最完善的尺度空间之一，它是一种模拟人眼视觉机理的理想数学模型。在一系列基于人眼视觉机理提出的合理假设条件下，高斯核函数是尺度空间唯一的线性变换核。本书基于改进的高斯尺度空间（Gaussian scale space，GSS）技术，利用生成的高斯影像立方体提取地物的空间细节特征，提出了三种空间投影的方法，对 IKONOS 多光谱和全色影像进行了融合，并与 IHS 变换、PCA 变换、IHS 改进算法的融合结果从主观视觉感受、信息熵、光谱偏差指数、相关系数、UIQI、ERGAS 等指标方面进行了综合的定量比较和定性分析。实验结果表明，空间投影应用于遥感影像融合综合考虑了光谱特性和空间特性，既能有效地避免光谱的严重失真，又能保持良好的空间细节信息。

　　影像融合可以理解为将全色影像的空间细节信息注入多光谱影像中，因此融合影像的质量可以从融合影像对空间细节信息和光谱信息的保持度来进行衡量。由于空间细节信息和光谱信息在融合影像中有一定的相关性，因此质量评价时需要将它们进行分离，并分别衡量。与 QNR 指标类似，本书提出了不需要参考影像的全尺度上的质量评价指标。模拟人眼对事物的感知特性，利用高斯尺度空间技术分离事物的细节特征和光谱特征，并将细节特征的相似度作为空间质量指标，将光谱特征的相似度作为光谱质量指标。

影像融合的目标，就是利用全色影像的高空间分辨率和多光谱影像的高光谱分辨率，生成同时具有高空间分辨率和高光谱分辨率的影像。本书提出空间投影融合算法，即从改进的高斯尺度空间生成的高斯影像立方体中提取地物的空间细节特征，然后投影到原始多光谱影像上。具体而言，包括以下两个步骤。

(1)空间细节特征提取。在高斯影像立方体中，第 $p$ 层影像可以描述为对于某一个尺度因子 $\sigma_p$，有

$$I_p = G(x, y, \sigma_p) * I_{p-1} \tag{5-20}$$

则可以定义此层影像的空间细节特征 $h_p$ 为

$$h_p = I_{p-1} - I_p \tag{5-21}$$

若初始设定的高斯尺度空间为 $s$ 层，那么生成 $s$ 层高斯影像立方体，则全色影像的空间细节特征 $h_{\text{pan}}$ 定义为

$$h_{\text{pan}} = \sum_{i=1}^{s} h_i = \sum_{i=1}^{s} (I_{i-1} - I_i) \tag{5-22}$$

式中，$I_i$ 为高斯影像立方体中的第 $i$ 层影像，当 $i=1$ 时，$I_{i-1}$ 为原始的输入影像，也就是第 0 层影像。

除了提取全色影像的空间细节信息，还需要提取多光谱影像的空间细节信息。设多光谱的三个波段分别为 $R$、$G$、$B$，可以定义其亮度影像 Ave 为

$$\text{Ave} = (R + G + B) / 3 \tag{5-23}$$

同理，此亮度影像的空间细节特征 $h_{\text{Ave}}$ 定义为

$$h_{\text{Ave}} = \sum_{i=1}^{s} h_i' = \sum_{i=1}^{s} (I_{i-1}' - I_i') \tag{5-24}$$

式中，$h_i'$ 为对应的亮度影像的空间细节特征；$I_i'$ 为对应的亮度图像的高斯影像立方体中的第 $i$ 层影像；$I_{i-1}'$ 为原始输入的亮度图像。

(2)空间投影。空间投影采取特征加权融合的方式进行：

$$\begin{cases} FR = (2-c) * R + c * (h_{\text{pan}} + h_{\text{Ave}}) \\ FG = (2-c) * G + c * (h_{\text{pan}} + h_{\text{Ave}}) \\ FB = (2-c) * B + c * (h_{\text{pan}} + h_{\text{Ave}}) \end{cases} \tag{5-25}$$

式中，$F_u = (FR, FG, FB)$ 即为融合后的多光谱影像；$c$ 为光谱保护因子，默认情况下 $c=1$，若 $c>1$，则在融合影像中全色影像的空间细节所占比例较大，否则多光谱影像的光谱特征所占比例较大。

仔细分析上面空间特征提取算法，可以得到一些有用的结论，由此可以产生如下三种空间投影融合算法。

1. 空间投影(spatial projection，SpaP)算法

直接按照上述公式计算空间特征，所得结果直接进行空间投影运算，此为最原始的算法。

2. 快速空间投影(fast spatial projection，FSpaP)算法

在生成高斯影像立方体之前，需要先建立高斯尺度空间，此时需要进行一系列的高斯卷积，其高斯核的方差按照下式从 $\sigma$ 变化到 $\sigma_p$：

$$\sigma_p = k^p \sigma \tag{5-26}$$

在整个卷积过程中，高斯核的窗口 $w$ 大小保持不变。根据高斯函数的性质，第 $p$ 层影像的生成过程如下：

$$
\begin{aligned}
I_p &= G(x,y;\sigma_p) * I_{p-1} = G(x,y;\sigma_p) * G(x,y;\sigma_{p-1}) * I_{p-2} \\
&= G(x,y;\sigma_p) * G(x,y;\sigma_{p-1}) * \cdots * G(x,y;\sigma) * I \\
&= G\left(x,y;\sqrt{p}w,\sqrt{\sum_{i=0}^{p-1}(k^i)^2}\sigma\right) * I
\end{aligned}
\tag{5-27}
$$

即第 $p$ 次的卷积过程，可以等效于一个窗口大小为 $\sqrt{p}\omega$、方差为 $\sqrt{\sum_{i=0}^{p-1}(k^i)^2}\sigma$ 的高斯核与图像进行卷积。

而在空间特征提取过程中，有下面的关系：

$$h = (I - I_1) + (I_1 - I_2) + \cdots + (I_{s-1} - I_s) = I - I_s \tag{5-28}$$

可知：

$$I_s = G\left(x,y;\sqrt{s}\omega,\sqrt{\sum_{i=0}^{s-1}(k^i)^2}\sigma\right) * I \tag{5-29}$$

于是，就有：

$$h = I - I_s = I - G\left(x,y;\sqrt{s}\omega,\sqrt{\sum_{i=0}^{s-1}(k^i)^2}\sigma\right) * I \tag{5-30}$$

则可以得到全色影像 pan 和亮度影像 Ave 的空间特征如下：

$$
\begin{cases}
h_{\text{pan}} = I - I_s = I - G\left(x,y;\sqrt{s}\omega,\sqrt{\sum_{i=0}^{s-1}(k^i)^2}\sigma\right) * I \\
h_{\text{Ave}} = I' - I'_s = I' - G\left(x,y;\sqrt{s}\omega,\sqrt{\sum_{i=0}^{s-1}(k^i)^2}\sigma\right) * I'
\end{cases}
\tag{5-31}
$$

从式(5-31)可以看出，此时在提取空间特征时，并不需要生成高斯影像立方体，直接根据设定的高斯核窗口大小和方差即可完成计算。可以发现，此时的窗口大小为原来的 $\sqrt{s}$ 倍，卷积窗口的增大也就意味着计算量也会成倍增加。虽然 FSpaP 算法免去了中间每层影像的卷积过程和高斯影像立方体的存储空间，但其运算效率相比 SpaP 算法并没有太大的提高。

3. 简化快速空间投影(simplified fast spatial projection，SFSpaP)算法

FSpaP 算法中，用一个窗口为 $\sqrt{s}\omega$、方差为 $\sqrt{\sum\limits_{i=0}^{s-1}(k^i)^2}\sigma$ 的新的高斯核卷积去等效高斯影像立方体的特征提取过程，由于卷积窗口增大导致效率提高不明显，作为简化算法，在不影响融合效果的前提下，可以将新的高斯核的窗口仍然设置为 $\omega$，方差设置为 $\sqrt{\sum\limits_{i=0}^{s-1}(k^i)^2}\sigma$，由此，新的特征提取算法可以写为

$$
\begin{cases}
h_{\text{pan}} = I - I_s = I - G\left(x, y; \omega, \sqrt{\sum\limits_{i=0}^{s-1}\left(k^i\right)^2}\sigma\right) * I \\
h_{\text{Ave}} = I' - I_s' = I' - G\left(x, y; \omega, \sqrt{\sum\limits_{i=0}^{s-1}\left(k^i\right)^2}\sigma\right) * I'
\end{cases}
\tag{5-32}
$$

为验证该算法的有效性和正确性，本书分别以北京地区 IKONOS 全色影像(分辨率为 1m)和多光谱影像(分辨率为 4m)来进行实验，实验影像大小为 500 像素×500 像素，结果如图 5-17 所示。需要说明的是，实验前全色影像与多光谱影像已经进行了配准。

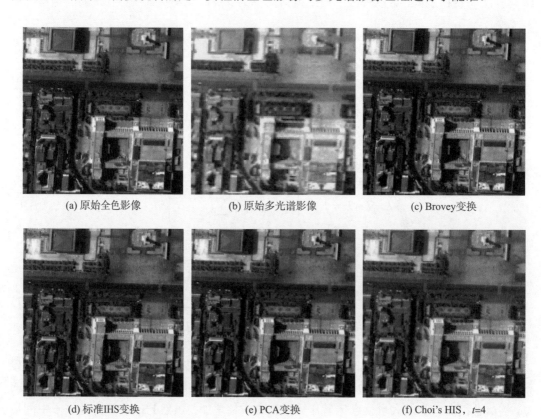

    (a) 原始全色影像            (b) 原始多光谱影像           (c) Brovey变换

    (d) 标准IHS变换              (e) PCA变换              (f) Choi's HIS，$t$=4

(g) SpaP算法　　　　　　　　　　(h) FSpaP算法　　　　　　　　　　(i) SFSpaP算法

图 5-17　影像融合结果

　　从视觉上看，三种方法所得到的融合影像在亮度上与原始多光谱影像非常接近，明暗适度，色彩鲜艳，边缘清晰，对比度好，层次感强，具有很好的视觉感受。在图像细节方面，三种方法所得的融合影像与原始全色影像非常相似，如房屋边缘、灌木丛的结构、道路上的车辆以及建筑物的细小部件，都能很清晰地呈现。虽然其他方法在细节呈现方面也有较好的表现，但是存在不同程度的色彩偏差和偏色，不太符合人眼的视觉感受。

　　1) 空间质量

　　根据高斯尺度空间技术可知，随着尺度的增加，影像将越来越模糊，细节信息将逐步丢失，因此我们可以利用不同尺度的高斯影像来恢复这些被丢失的细节，即两相邻尺度的高斯影像的差值可视为这两尺度之间的细节信息。如果全色影像的空间细节信息全部注入多光谱影像中，那么在高斯尺度空间中，融合影像各波段相邻尺度间的差值与全色影像同等尺度间的差值将是一样的。而事实上，两者并不可能完全一致，因此通过比较两者之间的相似度即可实现对空间信息保持度的衡量，达到评价空间质量的目的。

　　融合影像第 $i$ 波段的空间质量指标 $G_s(i)$ 的表达式如下：

$$G_s(i) = p\sqrt{\frac{1}{s}\sum_{k=0}^{s-1}|Q[F_i(\sigma_k) - F_i(\sigma_{k+1}), P(\sigma_k) - P(\sigma_{k+1})]|^p} \tag{5-33}$$

式中，$F_i$ 表示融合影像的第 $i$ 波段；$\sigma_k$ 和 $\sigma_{k+1}$ 分别表示第 $k$ 层和 $k+1$ 层的尺度参数；$s$ 是尺度层的层数；$F_i(\sigma_k)$ 和 $P(\sigma_k)$ 表示融合影像和全色影像在尺度参数为 $\sigma_k$ 时的高斯影像；$F_i(\sigma_k) - F_i(\sigma_{k+1})$ 和 $P(\sigma_k) - P(\sigma_{k+1})$ 分别表达了在融合影像第 $i$ 波段和全色影像在相邻尺度层之间的差值影像，即这两个尺度层之间的空间细节信息；$Q$ 是计算这两个差值影像的 UIQI 值，用于衡量两者之间的相似度；$p$ 是一个非负整数，用于增强 $Q$ 的值，更加突出两者之间的相似度。

　　如图 5-18 所示，空间质量评价主要包含以下几个步骤。

　　(1) 选择合适的初始尺度参数 $\sigma$ 和尺度层数 $s$。

　　(2) 应用 GSS 技术，利用 $\sigma$ 和 $s$ 将融合影像第 $i$ 波段和全色影像进行分解，分别得到一系列与尺度相关的高斯影像。

　　(3) 针对相邻的尺度 $\sigma_k$ 和 $\sigma_{k+1}$，分别计算融合影像第 $i$ 波段和全色影像在这两相邻尺度上的高斯影像之差，分别得到这两相邻尺度的空间细节特征，并计算两者之间的 UIQI 值。

（4）将所有相邻尺度的 UIQI 值计算完毕后，取其平均值作为融合影像第 $i$ 波段的空间质量。

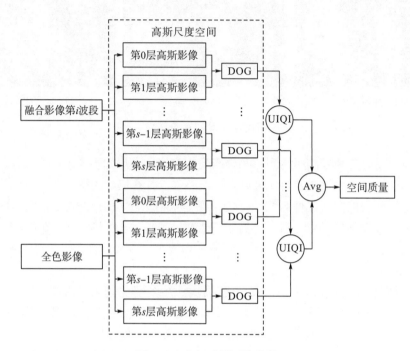

图 5-18  空间质量评价流程

2）光谱质量

一幅影像与高斯核函数做卷积运算后，高频信息也就是空间细节信息将被抹去，剩下的是低频信息，也就是光谱信息。在高斯尺度空间中，影像经过一系列由尺度参数决定的高斯核函数卷积后，得到一系列逐渐模糊的高斯影像，也就是原始影像在不同尺度下的光谱信息。通过比较不同尺度下的光谱信息与原始多光谱影像之间的相似度，可以达到评价融合影像光谱质量的目的。

融合影像第 $i$ 波段的光谱质量指标 $G_\lambda(i)$ 的表达式如下：

$$G_\lambda(i) = q\sqrt{\frac{1}{s}\sum_{k=0}^{s-1}|Q[F_i(\sigma_k), M_i]|^q} \tag{5-34}$$

式中，$\sigma_k$ 为第 $k$ 层的尺度参数；$F_i(\sigma_k)$ 表示降质融合影像第 $i$ 波段在第 $k$ 层的高斯影像；$M_i$ 表示第 $i$ 波段原始 MS 影像；$Q$ 是计算高斯影像 $\tilde{F}_i(\sigma_k)$ 和原始 MS 影像 $M_i$ 之间的 UIQI 值，用于衡量两者之间的相似度；$q$ 为非负整数，同作用于空间质量中的 $p$ 参数一样，用于增强光谱相似度。

光谱质量评价流程如图 5-19 所示，主要包含以下几个步骤。

（1）选择与空间质量评价一样的初始尺度参数 $\sigma$ 和尺度层数 $s$。

（2）应用 GSS 技术，利用 $\sigma$ 和 $s$ 分解融合影像第 $i$ 波段，得到一系列与尺度相关的高斯影像。

（3）计算融合影像第 $i$ 波段在每一个尺度下的低频光谱信息与原始 MS 影像第 $i$ 波段之间的 UIQI 值。

（4）将所有尺度的 UIQI 值计算完毕后，取其平均值作为融合影像第 $i$ 波段的光谱质量。

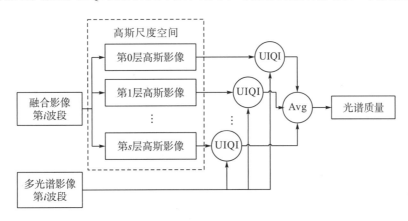

图 5-19　光谱质量评价流程

在分别计算空间质量与光谱质量后，整体质量可以表示为空间质量与光谱质量的函数。空间质量越接近 1，表明融合影像保持全色影像空间细节信息的能力越强，而光谱质量的理想值也为 1，其值越大，说明融合影像保持的光谱信息越多。在影像评价中，整体质量可以表示为

$$GD(i) = [G_s(i)]^a \cdot [G_\lambda(i)]^b \tag{5-35}$$

式中，$G_s(i)$ 和 $G_\lambda(i)$ 分别表示融合影像第 $i$ 波段的空间质量和光谱质量；$a$ 和 $b$ 为非负常数，分别用于增强空间质量和光谱质量的力度，使整体质量有更强的区分度。整体质量越接近 1，说明融合影像的整体质量越高。

用 WorldView-2 和 QuickBird 影像来验证本书提出的质量评价指标。WorldView-2 影像的全色影像分辨率为 0.5m，多光谱为 2m，包含 8 个波段，选取其中红、绿、蓝三个波段进行实验。QuickBird 影像全色分辨率为 0.6m，多光谱影像为 2.4m，包含 4 个波段，选取其中红、绿、蓝三个波段进行试验。全色影像的大小为 2048 像素×2048 像素，多光谱被重采样至相同大小。同时选择 GIHS、PCA、Gram-Schmidt（GS）变换、空间投影方法来进行比较，其中 GS 变换采用 ENVI 软件进行，而 PCA 变换则采用 ERDAS 软件进行。一般认为，GS 变换的融合结果最好。

另外，由于没有高分辨率多光谱影像作为参考，在进行质量评价时，选择需要参考影像和不需要参考影像这两种指标进行质量评价，同时与人眼目视评价结果进行比对。需要参考影像的指标包括 SAM、ERGAS 和 UIQI，在采用这些指标进行评价时，需要同时降低全色和多光谱影像的分辨率，对 WorldView-2 影像而言，需要将全色影像的分辨率降至 2m，而多光谱影像降至 8m，然后利用降质后的全色和多光谱影像进行融合，并将融合结果与原始 2m 分辨率的多光谱影像进行比较。不需要参考影像的指标包括 QNR 和前述提

出的指标，它们可以在全尺度上进行质量评价。

　　图 5-20 显示了不同融合方法的融合结果。由于原始影像太大，为了方便，这里只显示了 512×512 的子图，但是在质量评价过程中，QNR 和前述提出的方法仍然使用 2048×2048 的原始影像，而 ERGAS、SAM 和 UIQI 则使用降低分辨率后的 512×512 的影像。空间投影的高斯卷积核大小为 5，方差为 1.67，高斯尺度空间层数为 6。

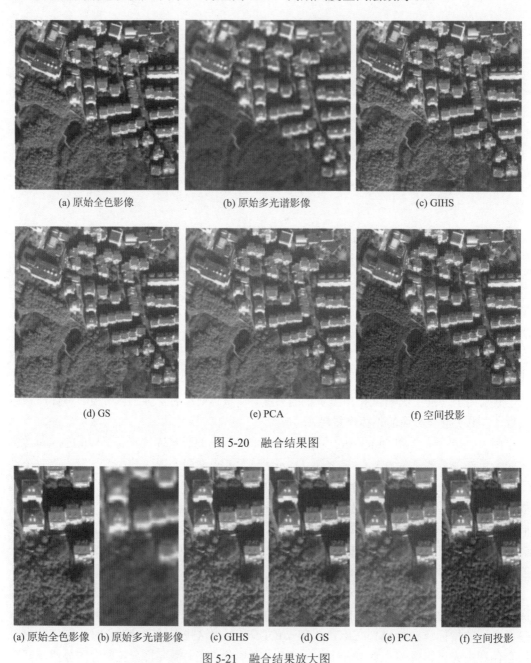

(a) 原始全色影像　　　　　　　(b) 原始多光谱影像　　　　　　　(c) GIHS

(d) GS　　　　　　　　　　　(e) PCA　　　　　　　　　(f) 空间投影

图 5-20　融合结果图

(a) 原始全色影像　(b) 原始多光谱影像　(c) GIHS　(d) GS　(e) PCA　(f) 空间投影

图 5-21　融合结果放大图

从图 5-20 和图 5-21 可以看出，所有方法均能提供比原始多光谱影像更高分辨率的融合影像，但是，空间投影的结果在颜色上明显更接近原始多光谱影像，尤其是在绿色区域，而在其他融合影像上，这些绿色区域明显偏灰白色。因此从视觉的角度看，空间投影方法更符合人眼的视觉感受，而其他方法彼此之间相差不大。

表 5-1 中，黑色粗体表示该评价指标上的最优值。空间投影方法在大多数指标上均优于其他方法。空间投影的 QNR 最大，得益于最小的 $D_\lambda$ 和第三小的 $D_s$。在本书提出的质量评价指标中，空间投影方法具有最大的 GD，其次是 GS 和 GIHS 方法，PCA 方法的值最小。这个结果与视觉评价的结果是一致的。

表 5-1　WorldView-2 影像融合质量评价结果

| 指标 | GIHS | GS | PCA | 空间投影 |
| --- | --- | --- | --- | --- |
| ERGAS | 4.5927 | 4.4853 | 4.9742 | **3.1107** |
| SAM | 1.2450 | 1.5063 | 1.6898 | **0.7751** |
| UIQI | 0.9196 | 0.9142 | 0.9035 | **0.9523** |
| $D_s$ | 0.0035 | 0.0057 | **0.0021** | 0.0041 |
| $D_\lambda$ | 0.0547 | 0.0573 | 0.0289 | **0.0189** |
| QNR | 0.9420 | 0.9373 | 0.9691 | **0.9771** |
| $G_s$ | 0.9806 | **0.9859** | 0.9582 | 0.9826 |
| $G_\lambda$ | 0.9440 | 0.9411 | 0.9195 | **0.9850** |
| GD | 0.9256 | 0.9278 | 0.8811 | **0.9678** |

## 5.4.3　城市高分辨率遥感影像云检测

云是聚集在空气中的一种可见混合物，由水汽凝结成的水滴、冰晶等组成。根据云的形态可以将其分为低云、中云、高云；依据云的成因可以将其分为锋面云、气旋云、平流云、对流云、地形云；依据云层的薄厚程度可将其分为厚云和薄云。即便云的宏观特性千姿百态，形成的物理过程各有差异，但是彼此之间仍存在着一些共同特点。

现有云检测方法中使用的特征多是以先验知识为导向而人为设计的，这些特征很大程度上取决于研究者对遥感影像上云先验知识的了解程度，一般来说较为理想化。在下垫面地物类型复杂的实际情况下，很难准确地表征它们的特性。遥感影像往往获取时间不一，成像条件复杂，同物异谱、异物同谱的现象广泛存在，且遥感影像上的云形状大小各异，结构形态多种多样。单纯依靠光谱特征很难对影像上的云进行准确检测。因此，为了提高检测精度，得到更加精确的分类结果，本书分析云的光谱、纹理和结构特征对云检测精度的影响。

1. 云影像的基本特征描述

云层在 0.3～0.7μm 的可见光范围内和 0.7～2.5μm 近红外波谱范围内散射平均，且在此波段范围内均有较高的反射率，但是它跟波长的变换趋势相反，若波长减小，云的光谱反射率会增加，当波长减小到 0.7μm 时，云的反射率接近 1。在 0.58～0.68μm 波段，晴空无云区域的地物反射较少，而雪在此波段内的反射率较高，高于 0.6。1.38μm 是强水汽吸收波段，因为水蒸气会影响地表的反射，使得它很难穿透水汽到达传感器入口处，这在一定程度上导致低处的云层具有较低的反射率，而高处的云层具有很高的反射率。

除此之外，云总是一簇一簇地成块出现，因而遥感影像中的云层区域多表现出连续且尺寸大的特性。除此以外，云层在高分辨率图像中展现出显著的空间分布特征，因而纹理特征均一、平滑。

云的物理属性包括高反射率和呈自然晶体状。成像属性包括大尺度和特有空间分布。高反射率和大尺度的特性在影像上表现为光谱特征，呈自然晶体状特性在影像上表现为分形几何特征，而特有空间分布特性在影像上表现为纹理特征(图 5-22)。

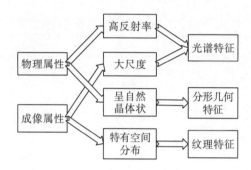

图 5-22　云的固有特性及其对应的图像特征

云在影像上呈现高亮特性，影像灰度值远大于其他像素，纯净的云像素灰度值接近255，云和地表其他类型的物体有着明显的强度差异，通常情况下用 RGB 或者 HIS 颜色空间去表征影像的光谱特征。其中，RGB 颜色空间与 HIS 颜色空间具有变换关系。

云区域通常情况下很平滑，因此云区域中的像素有很低的强度差异。因此在一定程度上也可以用局部均值和局部方差来表征云局部区域的统计信息。

$$M(i) = \frac{1}{W} \sum_{j \in R(i)}^{W} I_j \tag{5-36}$$

$$V(i) = \sqrt{\frac{1}{W} \sum_{j \in R(i)}^{W} (I_j - \overline{I})^2} \tag{5-37}$$

式中，$I$ 是输入影像；$M(i)$ 和 $V(i)$ 分别代表像素 $i$ 的均值和方差；$R(i)$ 是一个局部窗口；$W$ 表示窗口 $R(i)$ 中的所有像素数。

纹理特征既可以从宏观上较好地兼顾图像结构，也可以从微观上描述图像特性，被称作是三大显著性底层视觉特征之一。

图像上某一个像素块内的纹理特性与其灰度分布密切相关，它是在多个像素点区域内进行统计。云的形态各异且无固定类型，因而其纹理具有随机性，但是它又与下垫面地物之间有很大的差异，云的灰度较集中，都分布于某一范围内且灰度值普遍高于下垫面地物。从统计角度来看，云具有一定的分形自相似性。灰度共生矩阵是常用的纹理特征描述。

灰度共生矩阵是一个矩阵函数，与像素距离和角度有着密切的关系。它是指图像中某一距离和某一个方向上两个像素灰度值之间的相关性，以此来表征影像在方向、间隔、变化幅度及变化速度上的综合信息。

角二阶矩：

$$\text{ASM} = \sum_{h=0}^{M-1}\sum_{k=0}^{N-1} (m_{hk})^2 \tag{5-38}$$

对比度：

$$\text{CON} = \sum_{h=0}^{M-1}\sum_{k=0}^{N-1} (h-k)^2 m_{hk} \tag{5-39}$$

相关：

$$\text{COR} = \left[ \sum_{h=0}^{M-1}\sum_{k=0}^{N-1} hk m_{hk\_} u_x u_y \right] - \sigma_x \sigma_y \tag{5-40}$$

熵：

$$\text{ENT} = -\sum_{h=0}^{M-1}\sum_{k=0}^{N-1} m_{hk} \lg m_{hk} \tag{5-41}$$

式中，$m_{h,k}$ 表示在灰度共生矩阵中第 $(h,k)$ 个单元的值，其中 $\mu_x = \sum_{h=1}^{M}\sum_{k=1}^{N} m_{h,k} * h$ ；$\mu_y = \sum_{h=1}^{M}\sum_{k=1}^{N} m_{h,k} * k$ ；

$\sigma_x^2 = \sum_{h=1}^{M}\sum_{k=1}^{N} m_{h,k} * (1-\mu_x)$ ；$\sigma_y^2 = \sum_{h=1}^{M}\sum_{k=1}^{N} m_{h,k} * (1-\mu_y)$ 。

云的纹理特征容易受下垫面地物的影响，因此在云检测中并不单单只采用纹理特征，而是与其他特征相结合来共同检测遥感影像上的云层。

相比于纹理特征，结构特征是一个影像能够提供的人为感知的主要特征。也就是说，结构特征是人判别影像的整体因素，而非细节特征，是一个更高层次的特征。Aujol 等把影像看作"纹理结构"图。如果能够很好地进行影像分割，结构能够提供给研究者核心的信息。因而把结构信息引入云检测。输入影像 $I$ 的结构图可以表示为 $S$，为了求解 $S$，引入相对总变差模型（RTV）：

$$S = \arg\min_{S} \sum_{i=1}^{L} (S_i - I_i)^2 + \lambda \left( \frac{\varPhi_x(i)}{\varPsi_x(i)+\varepsilon} + \frac{\varPhi_y(i)}{\varPsi_y(i)+\varepsilon} \right) \tag{5-42}$$

式中，$\varepsilon$ 是一个小常量；$L$ 代表影像的像元总数；$\lambda$ 为平衡参数；$\varPhi_x(i)$ 和 $\varPhi_y(i)$ 是窗口的总变量度量，它们代表窗口 $R(i)$ 中的绝对空间差，可以用以下公式求解：

$$\varPhi_x(i) = \sum_{j \in R(i)} g_{i,j} \left| (\partial_x S)_j \right| \tag{5-43}$$

$$\varPhi_y(i) = \sum_{j \in R(i)} g_{i,j} \left| (\partial_y S)_j \right| \tag{5-44}$$

式中，$j$ 在窗口 $R(i)$ 中；$\partial_x S$ 和 $\partial_y S$ 分别代表 $x$ 方向和 $y$ 方向局部区域的导数；$g_{i,j}$ 是一个加权函数，可以通过下式计算：

$$g_{i,j} = \exp\left( -\frac{(x_i - x_j)^2 + (y_i - y_j)^2}{2\sigma^2} \right) \tag{5-45}$$

$\varPsi_x(i)$ 和 $\varPsi_y(i)$ 的定义不同于 $\varPhi_x(i)$ 和 $\varPhi_y(i)$ ，它们的表达式如下：

$$\varPsi_x(i) = \sum_{j \in R(i)} \left| g_{i,j} \left( \partial_x S \right)_j \right| \tag{5-46}$$

$$\varPsi_y(i) = \sum_{j \in R(i)} \left| g_{i,j} \left( \partial_y S \right)_j \right| \tag{5-47}$$

细节信息和纹理信息都是窗口总体差异图上的显著性特征,然而它们在固有差异图上是不显著的。它们的联合图可以用 $\dfrac{\varPhi_x(i)}{\varPsi_x(i) + \varepsilon} + \dfrac{\varPhi_y(i)}{\varPsi_y(i) + \varepsilon}$ 表示,这就是 RTV 图。在 RTV 图上,有意义的结构信息远多于纹理信息,所以结构信息能够凸显出来。因此最优化求解后就能得到结构图 $S$。

2. 深度显著性特征提取

越高层的特性蕴含越多对分类有用的信息。但是特征的层级是逐步增加的,即高层特征来源于低层特征。低层特征是高层特征的基础,高层特征是低层特征的升华。图 5-23 为不同层次特征示意图。

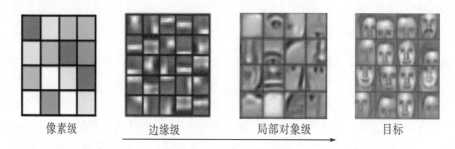

像素级　　　边缘级　　　局部对象级　　　目标

图 5-23　特征层次示意图

大部分传统的云检测算法主要聚焦于建立起有效表征云和其他地物差异的特征。在大部分情况下,这些人为设计的特征是以“知识为导向”而建立的,它们是人们基于先验知识而设计的底层特征。近年来,深度学习在影像处理过程中展现出前所未有的优势,深度学习表明学习到的深度显著性特征在特征表达方面有很强的能力,能够挖掘出深层的显著性特征。因此,笔者团队采用自编码网络把深度学习引入显著性特征学习中。

自编码网络是一种简单的深度学习算法,它可以从原始图像上学习到显著性特征,近年来被广泛应用于各个遥感领域。

自编码网络的预训练阶段可以分为编码和解码两个步骤,在这个训练过程中仅仅需要训练集本身,而不需要数据标签。自编码网络结构示意图如图 5-24 所示。

(1)编码过程。若 $x$ 为输入数据,$y$ 为输出数据,$x$ 到 $y$ 的变换函数为 $f_\theta$。把 $x$ 转换 $y$ 的过程即为编码。可以按下式计算:

$$y = f_\theta(x) = s(Wx + b) \tag{5-48}$$

式中,$\theta = \{W, b\}$,$W$ 为 $d \times d$ 维的权重矩阵;$b$ 是 $d$ 维偏置向量;函数 $s(\cdot)$ 是一个线性映射。

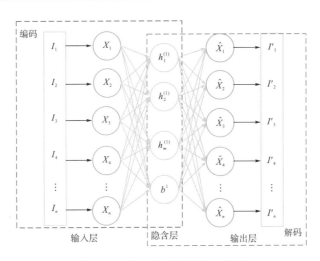

图 5-24　自编码网络结构示意图

(2)解码过程。把输出 $y$ 重新映射到输入空间的过程叫作解码。公式如下：

$$Z = g_{\theta'}(y) = s(W'y + b') \tag{5-49}$$

式中，$W'$ 为重构系数，$\theta' = \{W', b'\}$，$W'$ 是 $d \times d$ 维的权重矩阵；$b'$ 是 $d$ 维偏置向量。解码的最终目的是 $y$ 经过重构能够得到无限接近于 $x$ 的 $y$。

**3. 基于模糊自编码网络的遥感影像云检测**

目前，我们已能通过多种手段获取航空航天对地观测数据，然而由于云层遮挡，太阳光很难到达地球表面，从而在影像上形成了"盲区"。当地物被云层所遮挡时，卫星传感器不能接收到地物的反射信号，使获取的遥感影像不清晰，甚至无法读取，极大地阻碍了遥感影像的应用。因而云检测在影像预处理中有着非常重要的地位。同时，准确地识别出遥感影像上的云还能为航空航天对地观测数据管理部门删除无用影像和发布可用影像云量等提供依据。剔除云覆盖率较大的无用遥感影像可以在一定程度上缓解数据传输的压力，帮助用户更高效地选择数据源，进而提升遥感影像数据的利用价值。然而，云在遥感影像上变化多样，且没有固定形状，因此精确地提取遥感影像上的云依旧是当前面临的一个重要挑战。

因此，本书通过栈式自编码网络和模糊函数构建了模糊自编码网络模型(图 5-25)，并把它用于遥感影像云检测，通过对获得的云密度影像进行阈值分割，从而得到最终的精确二值化云检测结果。其中，栈式自编码网络包含两个过程：无监督参数预训练和有监督微调。本书中应用隶属度函数代替自编码网络的分类器层去估计云的厚薄程度。

本书提出的模型是从底层的特征中提取深度显著性特征，而不是基于人为经验设定的特征，因此它能够提取图像的隐含信息，从而得到更好的检测结果。

假设输入影像是一个向量 $\boldsymbol{R}^\mathrm{P}$，栈式自编码网络的目标是找到一个函数 $f : \boldsymbol{R}^\mathrm{P} \to \boldsymbol{R}^\mathrm{Q}$，把输入向量中的每一个特征映射到 $\boldsymbol{R}^\mathrm{Q}$，以便于使用新的向量进行线性分类。假设特征向量被记作 $\boldsymbol{X} = [x_1, x_2, \cdots, x_n]$，其中 $n$ 是样本数目。首先把矩阵 $\boldsymbol{X}$ 用以下公式归一化到 $[0,1]$：

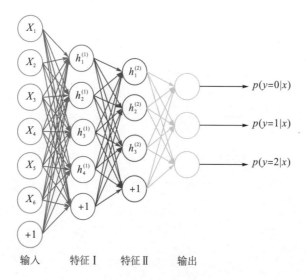

$$\text{图 5-25}\quad\text{模糊自编码网络模型的结构示意图}$$

$$X_{\text{norm}} = \frac{X - X_{\min}}{X_{\max} - X_{\min}} \tag{5-50}$$

式中，$X_{\text{norm}}$ 是归一化的值；$X_{\max}$ 和 $X_{\min}$ 分别为原始数据集中的最大值和最小值。

在特征学习阶段，$X_{\text{norm}} \in \boldsymbol{R}^{P \times n}$ 是网络的第一层输入，第一层的输出用 $F_1$ 表示，

$$F_1\left(X_{\text{norm}}\right) = f_1\left(\boldsymbol{W}_1 * X_{\text{norm}} + B_1\right) \tag{5-51}$$

式中，$\boldsymbol{W}_1 \in \boldsymbol{R}^{n_1 \times n}$ 和 $B_1$ 分别代表权重和偏差；$*$ 代表卷积。$\boldsymbol{W}_1$ 是相应的过滤器 $n_1$ 的支持向量，维度大小为 $1 \times P$，$P$ 是输入样本的维度，$n_1$ 是第一层网络的输出维度。输出向量是由 $n_1$-维特征组成的。$B_1$ 是 $n_1$-维特征，每一个元素都与一个分类器相关。本书把 ReLU 函数 $f_1(\cdot) = \max(\cdot, 0)$ 用在过滤器上。第一层是在每个样本上提取 $n_1$-维的特征。

在第二层网络中，每一个 $n_1$-维的特征都被映射到 $n_2$-维上。这就相当于应用了 $n_2$ 个过滤器，则第二层的输出为

$$F_2\left(X_{\text{norm}}\right) = f_2\left(\boldsymbol{W}_2 * F_1\left(X_{\text{norm}}\right) + B_2\right) \tag{5-52}$$

式中，$\boldsymbol{W}_2 \in \boldsymbol{R}^{n_2 \times n_1}$ 包含 $n_2$ 个大小为 $1 \times n_1$ 的过滤器，$B_2$ 是 $n_2$-维的偏置矩阵，输出的 $n_2$-维的样本特征在 $\boldsymbol{R}^Q$ 空间，在这个空间中进行分类和探测更加容易。如果增加更多的特征学习层数就可能增加特征表达的能力。然而，这也会增加模型的复杂性，这样就需要更多的计算时间。

云在遥感影像上变化多样，在同一幅影像上可能同时存在薄云和厚云，大多数传统的方法把云检测问题看作 0-1 分类问题，通过人工挑选特征然后进行分类。然而这些基于样本的分类方法很难代表真实的地表情况。在 FAEM 方法中，采用隶属度函数来估计云的厚薄程度。

$$A\left(X_{\text{norm}}\right) = \mathrm{e}^{-k\left[F_2\left(X_{\text{norm}}\right) - a\right]^2}, \quad k > 0 \tag{5-53}$$

以上隶属度函数将代替自编码网络的分类器层。加入该函数的目的是对云层厚度进行检测。其中 $k$ 和 $a$ 是模型的参数。

在云检测过程中需要对参数进行调整。为了使模型的输出和真实值之间的损失最小，给定的一系列像素 $x_i$ 和其相应的真实类别 $l(x_i)$，均方根误差被定义为损失函数：

$$L(\Theta) = \frac{1}{n}\sum_{i=1}^{n}\left[A(x_i) - l(x_i)\right]^2 \tag{5-54}$$

式中，$n$ 是训练样本的数量。

损失函数最小化可以用标准后向传播的分批随机梯度下降法。权重值按照下式更新：

$$\Delta_{i+1} = \gamma \cdot \frac{\partial L}{\partial W_i^l} + \beta \cdot \Delta_i \tag{5-55}$$

$$W_{i+1}^l = W_i^l + \Delta_{i+1} \tag{5-56}$$

式中，$l \in \{1,2\}$ 和 $i$ 分别是层数和迭代指数；$\gamma$ 是学习率；$\beta$ 是动量参数；$\dfrac{\partial L}{\partial W_i^l}$ 是求导。

每一层最初的过滤权重随机从以 0 为均值、0.001 为方差的高斯分布中选取，学习率和动量分别设置为 0.01 和 0.9。另外为了避免过拟合，预期的中途退出率被设置为 0.5，用来随机减少训练过程中的一般特征。

### 5.4.4　城市高分辨率遥感影像阴影检测和提取

不同遥感影像的成像条件，如成像角度、光线、传感器等都存在一定的差异，但是阴影在不变颜色模型中的光谱特征却不受遥感影像成像条件的影响。本书将采用上述光谱特征进行阴影提取。

(1) $X_1$：HSI 颜色空间中的色调分量。一般来说，遥感影像中阴影和非阴影的色调值具有很大的差异。

$$X_1 = \begin{cases} \theta & G \geqslant B \\ 2\pi - \theta & G < B \end{cases} \tag{5-57}$$

$$\theta = \cos^{-1}\left\{\frac{1}{2}[(R-G)+(R-B)]/[(R-G)^2+(R-B)(G-B)]^{\frac{1}{2}}\right\}$$

式中 $R$、$G$、$B$ 分别代表遥感影像中红、绿、蓝波段的光谱值。

(2) $X_2$：蓝波段与绿波段的差值。根据 Phong 模型，光线遮挡产生的阴影区域的光谱值在红、绿、蓝波段上均快速下降，但是红波段下降得最快，其次为绿波段，蓝波段下降的速率最低，因此阴影区域在遥感影像上呈现偏蓝的状态。本特征可以衡量区域偏蓝的程度，从而区分阴影与非阴影区域。

(3) $X_3$：HSI 颜色空间中的亮度 $I$ 分量和饱和度 $S$ 的差值为

$$\begin{cases} X_3 = I - S \\ S = 1 - 3 \times \min(R,G,B)/(R+G+B) \\ I = (R+G+B)/3 \end{cases} \tag{5-58}$$

分别对 $X_i(i=1,2,3)$ 影像进行 K-means 二值聚类，即最终获取三幅基于相应光谱特征的二值候选阴影影像，其中影像上数值为 0 代表候选阴影区域，而数值为 1 代表候选非阴影区域。三幅二值的候选阴影影像都作为后续基于 D-S 证据理论的面向对象高分辨率遥感影像阴影提取准则的输入影像。

　　阴影广泛分布于高分辨率遥感影像数据中，是高分辨率遥感影像地物基本组成部分。其主要由具有高程的物体通过遮挡太阳光使得太阳光照方向上部分区域不能接受太阳照射光，只能接受部分太阳散射光而导致的。因此本书提出了一种基于 D-S 证据理论的面向对象的高分辨率遥感影像阴影提取方法，并提出了考虑参数间交互作用的参数评估和优化策略。该方法能够评估分割参数的灵敏度和单一参数的重要性，并分析了参数对之间的交互作用对阴影提取结果精度的影响，最终考虑交互作用获取最优阴影提取结果的参数组合。

　　流程如图 5-26 所示，首先对影像进行多尺度分割，然后根据多种不变颜色空间提取阴影光谱特征，最终采用 D-S 证据理论结合分割区域信息及多种阴影光谱特征进行融合，提取出较高精度的阴影区域。

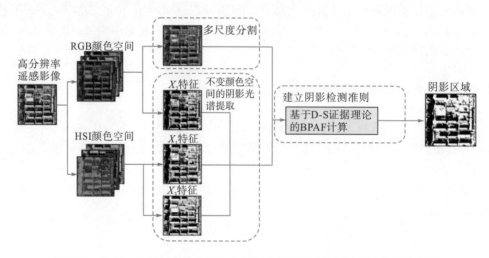

图 5-26　基于 D-S 证据理论的面向对象高分辨遥感影像阴影提取算法流程图

　　由于实际地物的复杂性，遥感影像中仅使用单一光谱特征或者使用 $X_i(i=1,2,3)$ 三个特征的交集影像提取阴影的精度并不高。为提高最终阴影提取精度，本书采用 D-S 证据理论进行多特征的融合，最终提出以对象为单位的高分辨遥感影像阴影提取准则。D-S 证据理论的核心理论为基本概率分配函数（basic probability assignment function，BPAF）。该理论采用 BPAF 融合每种证据，最终描述一个事件发生的可能性。例如本书中，BPAF 代表一个地物对象融合该对象的 $X_1$、$X_2$、$X_3$ 特征下是阴影的可能性，最终整体判断其为阴影的概率。假设有限集合 $\Theta$，则其集族为 $2^{\Theta}$。其中，$A$ 是该集族中的一个非空集合，$m(A)$ 代表集合 $A$ 的 BPAF。集函数 $m$：$2^{\Theta} \rightarrow [0,1]$，满足两个条件：$m(\varnothing)=0$ 和 $\sum\limits_{A \in 2^{\Theta}} m(A)=1$。对于 $q$ 件独立证据理论和 $g$ 类的 $A_r(\forall A_r \in 2^{\Theta}$，$A_r \neq \varnothing$，$r=1,2,\cdots,g)$，$mn(Bn)$ 代表由第 $n(1 \leq n \leq q$，$q \geq 3)$ 个证据计算的 BPAF，其中 $\exists B_n \in \{A_1,A_2,\cdots,A_g\}$。因此，$m(A)$ 代表了融合 $q$ 件证据的概率，定义为

$$m(A) = \left\{ \sum_{B_1 \cap B_2 \cdots \cap B_q = A} \left[ \prod_{1 \leqslant n \leqslant q} m_n(B_n) \right] \right\} \bigg/ \left\{ 1 - \sum_{B_1 \cap B_2 \cdots \cap B_q = \varnothing} \left[ \prod_{1 \leqslant n \leqslant q} m_n(B_n) \right] \right\} \qquad (5\text{-}59)$$

在本书中，三个证据分别为三个特征（$X_1, X_2, X_3$）。假设 $=\{h_0, h_1\}$，其中 $h_0$ 代表阴影区域，而 $h_1$ 代表非阴影区域。因此非空子集是 $\{h_0\}$、$\{h_1\}$、$\{h_0, h_1\}$。经过多尺度分割后，影像被分割为多个对象，对象定义为 $O_j (j = 1, 2, \cdots, k)$。其中，$p_i$ 是根据经验设置的三个二值特征（$X_1, X_2, X_3$）的权重，本书采用 Tsai（2006）的精度评定方法对上述三个二值特征影像进行精度评定，其中各特征影像的总精度（overall accuracy，OA）分别设定为对应特征的权重值。$N_{\text{ShawdowCount},i}^{j}$ 和 $N_{\text{TotalCount},i}^{j}$ 分别代表在 $X_i$ 特征下对象 $j$ 内的候选阴影像素个数和总像素个数。融合三个阴影光谱特征的对象 $j$ 被提取为阴影区域。

$$\begin{cases} m_i^j(h_0) = \left( N_{\text{ShawdowCount},i}^{j} \big/ N_{\text{TotalCount},i}^{j} \right) P_i \\ m_i^j(h_1) = \left( 1 - N_{\text{ShawdowCount},i}^{j} \big/ N_{\text{TotalCount},i}^{j} \right) P_i \\ m_i^j(h_0, h_1) = 1 - p_i \end{cases} \qquad (5\text{-}60)$$

$$\begin{cases} m^j(h_0) > m^j(h_1) \\ m^j(h_0) > m^j(h_0, h_1) \end{cases} \qquad (5\text{-}61)$$

## 5.5　城市尺度的不透水面信息遥感提取方法

### 5.5.1　基于中分辨率遥感影像的城市不透水面总体估算方法

通过中分辨率遥感影像，可以获得城市尺度的序列影像，用于监测城市不透水面的季度变化或月份变化，或城市的年际变化；也可以利用多期遥感影像，生成一个给定时间段内的最佳影像，再据此遥感影像来估算城市的不透水面，可提高不透水面信息的提取精度。

由于云覆盖影响，不同月份、不同季度乃至不同年份可用的 Landsat 影像数目存在不一致的问题。因此，像元的时间序列曲线中任意时间尺度下（月尺度、季度尺度、年尺度）观测样本的数目存在差异性，为地物年内、年际变化信息和物候信息的提取带来挑战。

选择 Landsat 影像的近红外波段、红色波段、绿色波段生成 RGB 标准假彩色合成影像，建立 Landsat 影像地物类型判别标志，如表 5-2 所示。

表 5-2　Landsat 影像地物类别判别标志

| 地物类型 | | 判别标志 | 图像特征 |
|---|---|---|---|
| 暗不透水面 | 密集建筑物区 | 城市中心、面状特征，呈暗黑色 | |

| 地物类型 | | 判别标志 | 图像特征 |
|---|---|---|---|
| | 零散建筑物区 | 城市边缘、小面状特征，呈暗黑色 | |
| 亮不透水面 | 高反射建筑物 | 城市内部、孤立，呈亮白色 | |
| | 新建建筑物 | 城市边缘、离散状，呈亮白色 | |
| 透水面 | 林地 | 片状特征、面积广，呈红色 | |
| | 耕地 | 城市边缘、近水体，呈淡红色 | |
| | 草地 | 城市内部、离散特征、面积较小，呈浅红色 | |
| | 裸土 | 植被稀少，呈黄白色 | |
| 水体 | 河水 | 线性特征，呈墨绿色 | |
| | 江水 | 片状特征、面积广，呈靛青色 | |
| | 水库 | 不规则形状，呈靛蓝色 | |
| | 湿地 | 近水体、块状分布、形状规则，呈靛蓝色 | |

　　采用 2016 年 1 月武汉市采集的实测数据评价聚类结果精度。此次野外调查主要获取武汉市土地利用/土地覆盖类型和城市形态，具体地表覆盖类型如图 5-27 所示。实地调查基于 2015 年 10 月 18 日的 Landsat OLI 影像和 Google Earth 0.3m 分辨率的影像，选择了 5 个样区共 400 个样本点，每个样本点面积为 90m×90m。本次实测的采样方法为分层随机抽样，图 5-28 显示了样本区的分布。

(a) 农田　　　　　　　　　　(b) 水域　　　　　　　　　　(c) 裸土

(d) 草地　　　　　　　　　　(e) 湿地　　　　　　　　　　(f) 建筑区

图 5-27　野外调查地表覆盖类型

图 5-28　实地调查样本区分布

## 5.5.2　全色高分辨率遥感影像面向对象分类的不透水面信息提取方法

基于场景分析的高分辨率遥感影像不透水面信息提取方法及流程如图 5-29 所示。

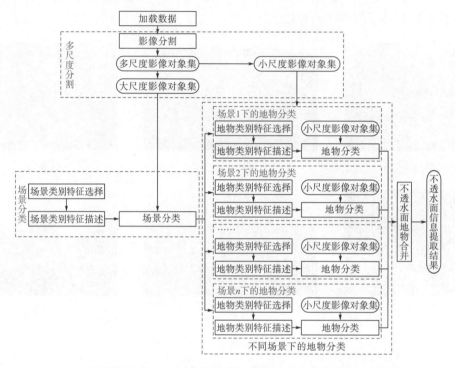

图 5-29　基于场景分析的高分辨率遥感影像不透水面信息提取方法及流程

图 5-30 为山东省济南市面向对象的高分辨率遥感影像不透水面信息提取结果图。

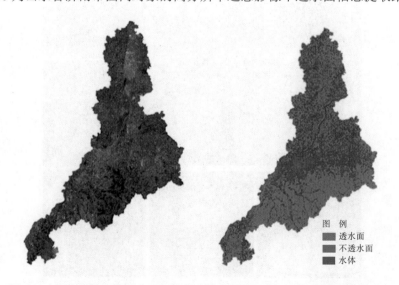

图 5-30　山东省济南市面向对象的高分辨率遥感影像不透水面信息提取结果

### 5.5.3　全色遥感影像和多光谱遥感影像融合的不透水面信息提取方法

由于城市景观异质性的影响,随着空间分辨率的提高,地物细节特征也越显著,但也使得光谱类内变异性增强、同物异谱现象明显。并且高分辨率遥感影像中通常只包含可见光波段和近红外波段,仅依靠光谱特征很难应对光谱类内变异问题。

为减少同物异谱现象的影响,纹理信息和面向对象的分类方法被广泛应用。纹理是指图像色调作为等级函数在空间上的变化,可应用于边缘检测和降低光谱类内变异,获取适合的纹理信息的关键在于影像的选择、窗口大小和纹理计算方法等因素。选取建筑物指数(BAI)、亮度(Brightness)、土壤调整植被指数(SAVI)、归一化水体指数(NDWI),通过多光谱间波段运算得到公式如下:

$$BAI = \frac{B - NIR}{B + NIR} \tag{5-62}$$

$$Brightness = \frac{R + G + B + NIR}{4} \tag{5-63}$$

$$SAVI = \frac{1.5 * (NIR - R)}{NIR + R + 0.5} \tag{5-64}$$

$$NDWI = \frac{G - NIR}{G + NIR} \tag{5-65}$$

式中,$R$、$G$、$B$ 和 NIR 分别表示红、绿、蓝和近红外波段。

使用基于二阶矩阵的纹理滤波,即灰度共生矩阵计算纹理特征。二阶概率统计用一个灰度空间相关性矩阵来计算纹理值。该矩阵也是一个相对频率矩阵,即统计像元值在两个邻近的由特定的距离和方向分开的处理窗口中出现的频率,表达某个像元与其特定邻域之间的关系。本书选取均质性和均值作为新的特征加入分类(表 5-3)。测量所有像素的平均值来替换移动窗口内的原始像素值。

表 5-3　纹理特征计算公式

| 纹理 | 公式 | 定义 |
| --- | --- | --- |
| 均质性(homogeneity) | $\sum\limits_{i,j=0}^{N-1} \dfrac{P_{ij}}{1+(i-j)^2}$ | 异质性根据影像纹理的平滑度计算得到,当光谱变化较大时,该值较小,反之亦然 |
| 均值(mean) | $\sum\limits_{i,j=0}^{N-1} P_{ij} * i$ | 均值通过计算移动窗口内像素的平均值来替换原始像素值 |

注:式中 $i$ 和 $j$ 代表相邻像元的坐标,$P_{ij}$ 代表相应辐射亮度值。

根据上述公式,采用预处理后的影像计算光谱指数和纹理特征。其中,灰度共生矩阵所采用的窗口大小为 3×3。图 5-31 中 (a)～(d) 分别表示 SAVI、NDWI、Brightness 和 BAI,(e)、(f) 分别为根据近红外波段计算灰度共生矩阵的均值和均质性。

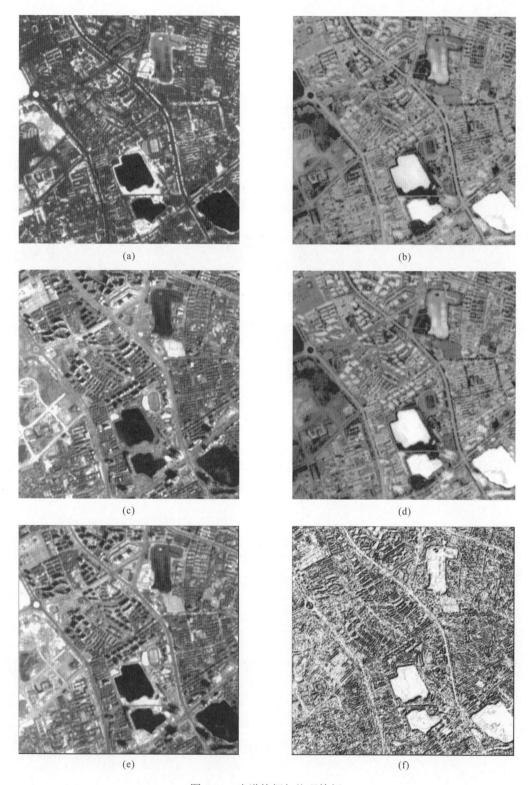

图 5-31　光谱特征与纹理特征

### 5.5.4　基于光谱匹配分类的高光谱遥感影像不透水面信息提取方法

高光谱技术自诞生以来，就以其丰富的光谱维信息显著区别于传统的遥感技术，在地质、植被生态、土壤以及城市应用等方面的研究中取得了引人注目的成果，已经成为当前遥感技术的一个重要发展方向。

高光谱数据具有光谱分辨率高、波段多、数据量大、图谱合一的特点，因此从高光谱数据中提取地物信息成为研究的热点。相比多光谱遥感，高光谱遥感影像包含更丰富的信息，具有巨大的发展潜力。因此，美国、加拿大、澳大利亚、日本等国家都投入巨资进行研究，并取得了大量成果。高光谱遥感从 20 世纪 80 年代发展至今在传感器技术、数据处理、信息提取理论与技术方面都有了长足的发展，但与此相关的很多理论与方法还不够完善和成熟。

在成像光谱图像处理中，光谱匹配技术是成像光谱地物识别的关键技术之一。所谓光谱匹配是指通过研究两个光谱曲线的相似度来判断地物的归属类别。目前所应用的光谱匹配技术均源于 Mazer 等（1988）在 SPAM 系统中所描述的根据光谱波形二值编码，用汉明距离实现图像光谱与数据库光谱的匹配识别。

目前利用成像光谱数据进行地物识别的算法可分为四类：传统模式识别分类技术、基于光谱吸收特征的识别算法、基于光谱数据库的光谱匹配技术、基于光谱模型的定量反演。后三种算法都要使用光谱数据库中的标准数据，因此将它们归为基于高光谱数据库的光谱匹配技术。

地物覆盖由于化学成分差异形成可诊断的典型光谱吸收特征，这成为地物光谱识别的理论基础。基于成像光谱仪在众多窄波段获取数据的特点，可以由已知地物类型的反射光谱，通过波形或特征匹配比较来直接识别地物类型。人们对地球上的各种物质已经做了长期的研究，逐步认识了电磁波与地物的相互作用机理；长期的高光谱试验也收集了大量的实验室标准数据，建立了许多地物标准光谱数据库；在高光谱应用研究中，人们也已经解决了图像数据的光谱重建难题。在这些研究工作的基础上，我们已经具备了从图像直接识别对象的条件。从概念上出发，光谱匹配主要有以下三种运作模式。

(1) 从图像的反射光谱出发，将像元光谱数据与光谱数据库中的标准光谱响应曲线进行比较搜索，并将像元归于与其最相似的标准光谱响应所对应的类别，这是一个查找过程。

(2) 在光谱数据库中，将具有某种特征的地物标准光谱响应曲线当作模板与遥感图像进行比较，找出最相似的像元并赋予该类标记，这是一个匹配过程。

(3) 根据像元之间光谱响应曲线本身的相似度，将最相似的像元归为一类，这是一种聚类过程。

在前两种运作模式中，标准光谱响应曲线一般都是从高光谱数据库中提取原始高光谱数据，并进行一些相应的预处理后得到的。解决问题的关键一是从图像辐射亮度值到地物表面反射率的精确反演，使用经验线性法已经可以较好地实现；二是光谱匹配算法的研究。在常规情况下，通过地面调查获得地物分布的先验数据，然后通过选取训练样本集对图像进行分类来达到识别的目的。

以高光谱数据库中的典型地物标准光谱曲线为依据，针对光谱吸收特征的光谱识别有以下几种。

(1)二值编码匹配。对光谱库的查找和匹配过程必须是有效的，而且，对成像光谱数据这种冗余度较大的光谱数据来说，为实施匹配，全部光谱数据的原始形式可能并不必要，所以提出了一系列对光谱进行二进制编码的建议，使得光谱可用简单的0～1来表述。

(2)光谱角度匹配。当模式类的分布呈扇状分布时，定义两矢量之间的广义夹角余弦为相似函数，即为较为广泛应用的广义夹角匹配模型。将象元 $N$ 个波段的光谱响应作为 $N$ 维空间的矢量，则可通过计算其与最终光谱单元的光谱之间广义夹角来表征其匹配程度：夹角越小，说明越相似。

实验高光谱数据地点为广州增城(图5-32)，空间分辨率为 $X$:0.00000137°、$Y$:0.00000126°，光谱分辨率为2.23nm，波段数目为270个，波长范围为400～1000nm，提取结果如图5-33所示。

图5-32　广州增城高光谱数据

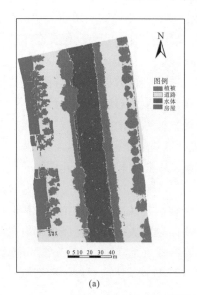
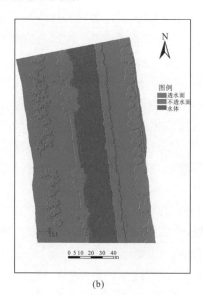

(a)　　　　　　　　　　　　　　　　(b)

图5-33　细分类结果图(a)与不透水面提取结果(b)

　　对比实验数据为高分一号融合后可见光近红外四波段数据，使用面向对象提取不透水面结果如图 5-34～图 5-36 所示。

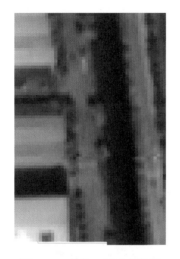

图 5-34　高分一号融合数据

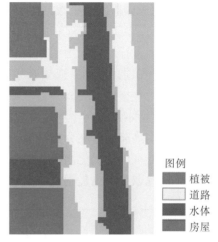

图例
植被
道路
水体
房屋

图 5-35　细分类结果图

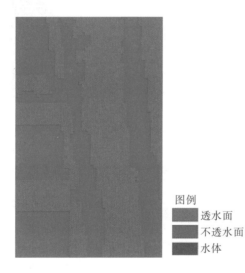

图例
透水面
不透水面
水体

图 5-36　不透水面信息提取结果

　　由对比实验可见，普通高分辨率遥感影像对行道树遮盖、阴影地物、阴影与水体混淆都存在较大误差，而高分辨率高光谱数据很好地解决了此类问题。

　　（1）光谱相似度测定。光谱匹配需要一个指标来衡量在整个测量的波长范围内光谱的相似程度。可用相关系数来测度光谱响应的匹配程度。

　　（2）光谱吸收指数。任一光谱吸收特征可由光谱吸收谷点 $M$ 与光谱吸收两个肩部 $S_1$ 和 $S_2$ 组成，根据遥感图像光谱分辨率和中心波长位置，$S_1$、$S_2$、$M$ 可以分别是一个波段图像，也可以是几个波段的线性组合。

### 5.5.5　基于视频遥感卫星数据的城市不透水面信息提取方法

传统光学遥感卫星在一个轨道周期内获取的数据,其地物识别和分类主要从光谱维和空间维进行。而视频遥感卫星数据由于在同一个轨道周期内提供了同一对象成百上千个观测角的观测信息,相对于仅有单个或数个固定观测角的传统遥感数据,不仅可以在传统光谱维和空间维上进行地物识别和分类,还可以充分利用观测角维度的信息,理论上可以更好地对地物进行识别和分类。视频遥感卫星数据可以在观测角维度上对地物进行更加精细地表达,但同时数据量也会成百上千倍地增加。

如图 5-37 所示,相对于单角度观测数据,采用基于视频卫星的连续多角度观测数据理论上可以较为显著地提高分类精度。由于数据量的大幅增加,从原始数据中提取光谱和观测角维度的特征以及优化相关分类方法,在保持高分类精度的前提下极大地提高分类和不透水面信息提取效率也是同时需要研究的问题。

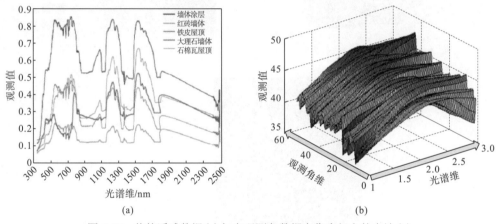

图 5-37　传统遥感数据(a)与多观测角数据在像素级上的表达(b)

在视频遥感数据中,每个像素由光谱维和观测角度维两个维度构成,可以采用间接法先将代表每个像素的二维矩阵按照某一个维度重新排列为向量,从而可以使用各种传统的基于特征向量的分类方法。原始数据每个像素由多个光谱及上千个观测角组成,如果对输入的所有原始数据进行分类,相对单个观测角而言,由于新维度信息的加入,理论上分类精度将会有一定幅度的提高。同时分类的输入数据量和计算量是传统遥感数据的数千倍甚至更多,从原始数据中提取不同维度上的特征并只对特征进行分类,可以极大地降低输入数据量和计算量,有效提高分类和不透水面信息提取效率。

视频遥感卫星作为一种新型遥感数据源,可以在一个轨道周期内对同一个地面目标进行连续观测,由于观测角度不同,可以较为全面地对同一目标在一个连续的角度上的不同反射数据进行采集,地物在不同光谱和不同观测角维度上的反射值可以作为地物识别和分类的依据,从而更好地对地物类别进行分类,进而对其中的不透水面信息进行提取。提取地物在观测角维度上的特征并进行分类可以更好地提高分类和提取效率。具体特征主要包括几何特征和整体变换后的主成分特征。

在提取观测角维度的特征后,针对观测角特征对人工选取的非移动的不透水面样本进行训练学习,然后对基于观测角特征的整幅影像非移动地表进行分类处理。

数据中包含移动目标,主要包括车辆和船只,以及观测角变化引起高楼在地面的投影变化。需要针对移动目标进行优化和单独处理,单独提取移动车辆和船只等目标,先提取移动目标像素,然后检测其周边像素是否为大片连续水体或者道路并进行判断,周边为水体则为船只,周边为道路则为车辆。对因高程引起的投影变化区域可以采用面向对象的方法对整栋建筑像素进行连续性移动检测,由于建筑移动区域有限,且楼顶到楼底移动速度呈线性相关,判断移动对象较大且像素间移动速度呈线性关系的对象为高楼。对自动检测的移动目标和高楼进行人工复核并提取到相应类别,最终得到整个区域的不透水面信息提取结果。

随着光学传感器、信息处理和姿态控制技术的快速发展,光学遥感卫星从仅能从一个固定观测角对同一区域进行观测,发展到能够从多个固定观测角进行观测,直到现在新型光学视频遥感卫星已经能够从太空获取同一观测区域的数百个甚至上千个连续多观测角的视频遥感卫星数据,可基于多视优势提高不透水面的提取精度。

由于视频遥感卫星在一个轨道周期内对同一个区域进行成百上千次重复观测,数据量较传统高分辨率遥感数据有成百上千倍的增加,采用传统分类方法对所有数据进行分类,分类需要的计算量不能满足大规模应用需求,需要提取原始数据中的特征从而提高分类和不透水面信息提取效率。提取观测角维度的特征主要目的就是为了减少分类时需要输入的数据量,同时减少后续的计算量。计划采用的具体提取方法有以下几类。

### 1. 选取特定观测角

对地面观测对象而言,通过不同观测角可以观测到被观测对象在不同方向的光谱反射信息,同一个观测对象在不同的观测角之间既有同质性又有异质性,对于分类而言,在一定程度上也可以理解为不同观测角数据之间包含冗余信息和互补信息。在成百上千个观测角中,两个连续的观测角由于角度变化微小,相对而言,数据间的冗余信息较多,互补信息较少;距离较远的两个观测角由于角度变化较大,互补信息较多,冗余信息较少。选取数量不同的观测角并将其作为输入条件从少到多时的主要分类精度分布。实验表明在采用SVM 分类器时,观测角越多,分类精度越高。

### 2. 提取几何特征

地物在观测角维度观测值的连续分布属于几何形态,可以拟合相应的直线或曲线,继而提取直线和曲线参数作为特征用来描述连续分布。通过上述步骤的分析和分布图可以直观地获取不同类地物在连续观测角度上的变化规律和趋势,采用适合的分段直线拟合和曲线拟合方法,使用拟合后的直线和曲线参数作为代表整体的分类特征,可以有效地降低分类需要输入的数据量。

### 3. 整体映射后提取主成分

由于观测角维度数据的分布存在同质性和异质性信息,相邻角度同质性较强,异质性较弱，而采用原始数据较难对其中蕴含的同质性和异质性信息进行区分，这就需要进行整体映射，将数据映射到较易提取同质性和异质性信息的空间。采用主成分分析（PCA）方法进行整体映射，寻找能够表示采样数据的最好的投影子空间，然后采用最大的数个特征值所在的主成分作为特征对数据进行分类，从而将成百上千个观测角降维为数个主成分。按照下述方法对视频卫星数据进行处理。

定义一个 $n×m$ 的矩阵，即将视频数据所有像素排列为 $n$，光谱及角度排列为 $m$，$XT$ 为去平均值（以平均值为中心移动至原点）的数据，其行为数据样本、列为数据类别。

则 $X$ 的奇异值分解为 $X=W\varSigma V^{\mathrm{T}}$，其中 $m×m$ 矩阵 $W$ 是 $XX^{\mathrm{T}}$ 的特征向量矩阵，$\varSigma$ 是 $m×n$ 的非负矩形对角矩阵，$V$ 是 $n×n$ 的 $X^{\mathrm{T}}X$ 的特征向量矩阵。

$$Y^{\mathrm{T}} = XTW = V\varSigma W^{\mathrm{T}}W = V\varSigma^{\mathrm{T}} \tag{5-66}$$

当 $m<n-1$ 时，$V$ 在通常情况下不是唯一定义的，而 $Y$ 则是唯一定义的。$W$ 是一个正交矩阵，$Y^{\mathrm{T}}W^{\mathrm{T}}=X^{\mathrm{T}}$，且 $Y^{\mathrm{T}}$ 的第一列由第一主成分组成，第二列由第二主成分组成，依此类推。利用 $WL$ 把 $X$ 映射到一个只应用前面 $L$ 个向量的低维空间中去：

$$Y = WL^{\mathrm{T}}X = \varSigma LV^{\mathrm{T}} \tag{5-67}$$

式中，$\varSigma L = IL×m\ \varSigma$，且 $IL×m$ 为 $L×m$ 的单位矩阵。$X$ 的单向量矩阵 $W$ 相当于协方差矩阵的特征矢量 $C=XX^{\mathrm{T}}$

$$XX^{\mathrm{T}} = W\varSigma\varSigma^{\mathrm{T}}W^{\mathrm{T}} \tag{5-68}$$

在欧几里得空间给定一组点数，第一主成分对应于通过多维空间平均点的一条线，同时保证各个点到这条直线距离的平方和最小。去除第一主成分后，用同样的方法得到第二主成分。以此类推，在 $\varSigma$ 中的奇异值均为矩阵 $XX^{\mathrm{T}}$ 的特征值的平方根。每一个特征值都与跟它们相关的方差成正比，而且所有特征值的总和等于所有点到它们的多维空间平均点距离的平方和。获得所有主成分后，按照主成分的顺序排列作为特征进行地物分类并对不透水面进行提取。

图 5-38 是香港西九龙区域不透水面信息提取结果。

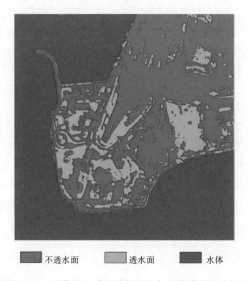

■ 不透水面　　■ 透水面　　■ 水体

图 5-38　香港西九龙区域不透水面信息提取结果

表 5-4 和表 5-5 反映了人工选取的 11 类地物、训练和测试数据像素个数统计，以及总体分类精度结果及耗时。

表 5-4　人工选取的 11 类地物、训练和测试像素个数统计

| 编号 | 地物种类 | 总像素个数/个 | 训练数据像素个数(5%) | 测试数据像素个数(95%) |
|---|---|---|---|---|
| 1 | 树木 | 1057 | 51 | 1006 |
| 2 | 草地 | 646 | 32 | 614 |
| 3 | 水体 | 19323 | 943 | 18380 |
| 4 | 1 类裸土(纯净) | 2576 | 99 | 2477 |
| 5 | 2 类裸土(混合其他材料) | 2247 | 109 | 2138 |
| 6 | 1 类建筑 | 1439 | 70 | 1369 |
| 7 | 2 类建筑 | 3579 | 123 | 3456 |
| 8 | 3 类建筑 | 6622 | 321 | 6301 |
| 9 | 混凝土道路 | 1491 | 73 | 1418 |
| 10 | 柏油道路 | 2603 | 126 | 2477 |
| 11 | 其他 | 2958 | 143 | 2815 |

表 5-5　总体分类精度结果及耗时

| 数据类别 | 总体分类精度/% | 耗时/s | 分类像素个数/个 |
|---|---|---|---|
| 单观测角数据 | 82.999 | 86.312 | 43016 |
| 300 个观测角数据 | 88.951 | 1153.240 | 43016 |

### 5.5.6　高分辨率遥感影像和 LiDAR 融合的不透水面信息提取方法

为了充分融合光学高分辨率遥感影像信息和 LiDAR 数据信息，本节需要获取多源数据联合分类图以及单独数据的分类图、对象图。因此，本节首先将多源数据叠加起来作为一个组合数据进行分割，然后将两个数据分别进行分割，并且输出每次分割结果的空间对象信息和属性信息。属性信息包括每个影像波段的均值、方差，还有两个对象空间属性(形状指数和长宽比)。详细来说，对于光学影像，分割后的面向对象的光学特征包括：5 个波段(4 个光学原始波段和 1 个 NDVI 波段)的均值和方差、形状指数、长宽比，共 12 个维度特征。对于 LiDAR 影像，面向对象的特征包括：2 个波段(nDSM 和回波强度)的均值和方差、形状指数、长宽比，共 6 个维度特征。联合数据包含所有波段的特征信息，共 16 个维度特征。

如图 5-39～图 5-41 所示，融合高分辨率影像和 LiDAR 数据是一种有效的精细尺度不透水面信息提取方法。图 5-42 为融合高分辨率影像和 LiDAR 数据提取不透水面信息的流程图。

(a) 有阴影的光学高分辨率影像　　　　　　　　(b) 对应区域的LiDAR数据

图 5-39　高分辨率影像和 LiDAR 数据

(a) 有阴影的光学高分辨率影像　　　　　　　　(b) 对应区域的LiDAR数据缺失情况

图 5-40　高分辨率影像和 LiDAR 数据（缺失）

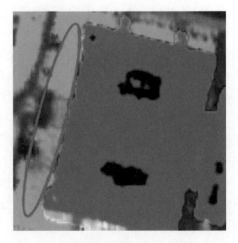

(a) 有阴影的光学高分辨率影像　　　　　　　　(b) 对应区域配准误差的LiDAR数据

图 5-41　高分辨率影像和 LiDAR 数据（配准误差）

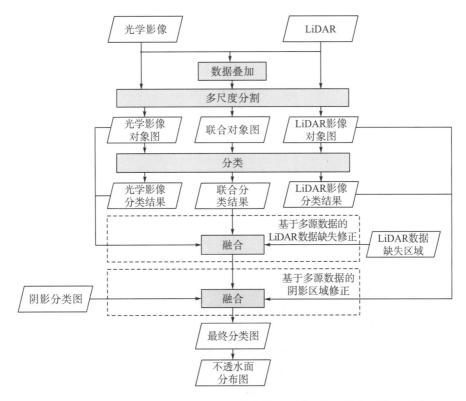

图 5-42　融合高分辨率影像和 LiDAR 数据的不透水面信息提取方法流程图

美国纽约州布法罗市市中心的高分辨率影像和 LiDAR 数据如图 5-43 所示。研究数据的中心位于 42°52'53.16" N 和 78°51'45.02" W，2011 年。这一研究区域的主要地物类型包括以居住建筑、商业建筑、道路、人行道、停车场为代表的不透水面，以及草地和裸土。

(a) 光学高分辨率影像

(b) 对应区域的LiDAR数据

图 5-43　布法罗市市中心的高分辨率影像和 LiDAR 数据

这一研究区域的地物组成在美国城市区域是非常典型的。这一数据包含四个波段：红、绿、蓝、近红外。空间分辨率是 1 英尺（1 英尺＝0.3048m）。平均点间距为 3.135 英尺。由回波强度和 nDSM 两个特征波段构成的假彩色合成图像如图 5-42 所示。LAS 文件中所有回波高程数据都被插值成 1m 分辨率的数字表面模型。同时，地物表面的强度信息获取自第一次回波。在 LiDAR 数据中，存在一些由于建筑物遮挡和材料吸收所造成的无数据区域，这些没有数据的区域用黑色表示。

研究的主要目标是提取 2011 年研究区域不透水面分布，因此以 2011 年光学正射高分遥感影像作为目标影像，以 2008 年 LiDAR 数据作为辅助数据。在获取二值变化检测图后，根据本节所提出的方法进行信息融合以获取最终分类图。为了对信息融合的效果进行定量评价，我们选取了 2011 年研究区域地物分布的参考测试样本，如图 5-44 所示。其中，红色为建筑物（62507 像素），绿色为植被（46923 像素），灰色为道路和停车场（58337 像素），黄色为裸土（22883 像素），青色为人行道（17440 像素）。

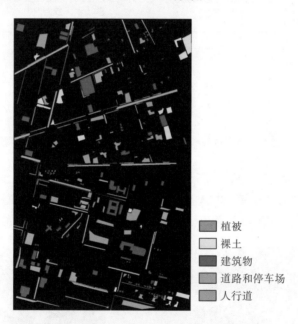

图 5-44　地物分类测试样本的参考图

图 5-45 展示了多源数据独立分类结果、联合分类结果和本节所提出的信息融合后分类结果。独立分类时，光学高分辨率遥感影像和 LiDAR 数据都采用 20 的尺度进行分割。在信息融合中，光学影像和 LiDAR 数据独立分类结果和独立分割结果采用的尺度都为 10，因为此时的对象结果要求更加同质。从图 5-45(a) 可以看出，建筑物的分类效果比较差，而且有非常多的误分现象。图 5-45(b) 表现出 LiDAR 数据能够较好地区分出建筑物，但是人行道很难较好地识别。图 5-45(c) 和图 5-45(d) 都展示出非常精确的地物识别结果，在联合分类结果中还有阴影的覆盖，而在信息融合后去掉了阴影区域。同时，在一些建筑区域，联合分类的结果由于 LiDAR 数据缺失，会造成明显的建筑物误分，而信息融合后，这些误分大多得到了修正。

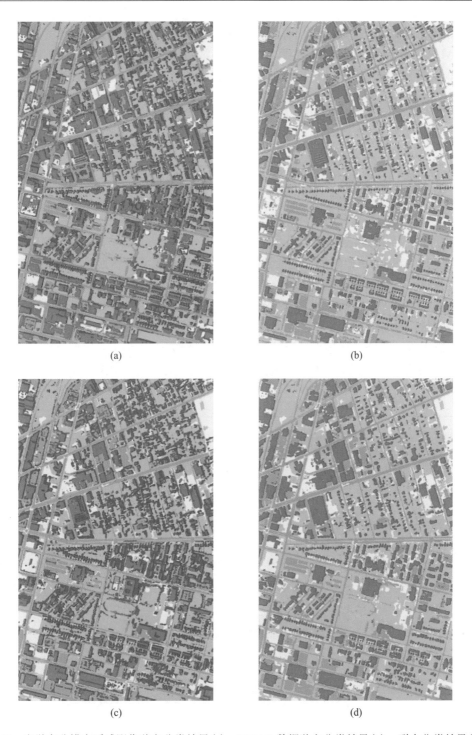

图 5-45　光学高分辨率遥感影像独立分类结果(a)，LiDAR 数据独立分类结果(b)，联合分类结果(c)和信息融合后的分类结果(红色：建筑物，绿色：植被，灰色：道路和停车场，黄色：裸土，青色：人行道，深蓝色：阴影)(d)

表 5-6 展示了本节所提出的信息融合方法以及对比方法分类结果的精度,包括总体精度(OA)和 Kappa 系数。从结果可以看出,多源数据的联合分类精度要远远超过某一数据的单独分类结果,而本节所提出的信息融合方法能够在联合分类的基础上有进一步的提升。

表 5-6    本节所提出的信息融合方法以及对比方法分类结果的精度评价

| 指标 | 光学影像 | LiDAR 数据 | 联合分类 | 信息融合 |
|---|---|---|---|---|
| OA/% | 77.30 | 77.80 | 87.49 | 91.89 |
| Kappa 系数 | 0.6999 | 0.7128 | 0.8372 | 0.8942 |

表 5-7 展示了本节所提出的信息融合方法以及对比方法分类结果的漏检率和误检率。从光学遥感影像和 LiDAR 数据对比能够看出,光学高分辨率遥感影像在建筑物类别上的分类精度很低,误检非常多,而 LiDAR 数据在植被和人行道两类上的分类精度也不理想。相比光学遥感影响如 LiDAR 数据,联合分类在几乎所有类别的分类中,其误检率和漏检率都有所降低,这证明了多源数据分类的有效性。而本节所提出的信息融合又能够在联合分类的基础上进一步降低误检率和漏检率,如建筑物类的漏检率大大降低、裸土的误检率大大降低。因此,综合起来,本节所提出的信息融合方法就能够取得更高的分类精度。

表 5-7    本节所提出的信息融合方法以及对比方法分类结果的误检率和漏检率(%)

| 地物类型 | 光学高分辨率影像 | | LiDAR 数据 | | 联合分类 | | 信息融合 | |
|---|---|---|---|---|---|---|---|---|
| | 误检率 | 漏检率 | 误检率 | 漏检率 | 误检率 | 漏检率 | 误检率 | 漏检率 |
| 建筑物 | 31.13 | 26.68 | 3.36 | 24.23 | 3.75 | 19.82 | 5.00 | 5.48 |
| 植被 | 0.50 | 0.63 | 10.97 | 23.63 | 0.39 | 1.83 | 1.10 | 1.96 |
| 裸土 | 39.39 | 44.22 | 30.53 | 23.24 | 28.11 | 6.43 | 5.01 | 13.87 |
| 人行道 | 17.34 | 35.17 | 56.40 | 29.83 | 19.96 | 16.85 | 23.39 | 7.11 |
| 道路和停车场 | 26.48 | 24.39 | 25.32 | 16.17 | 19.22 | 14.80 | 21.91 | 16.09 |

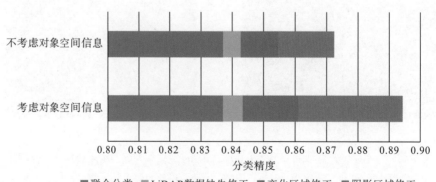

图 5-46    不同信息融合方式下的分类精度

在信息融合中，有一种方式是直接用独立分类的结果对变化区域进行修正，而不考虑独立分割所得到的对象空间信息。因此，本节还对考虑对象空间信息是否能够有效提高分类精度进行了分析。图 5-46 展示了不同信息融合方式下所得到的分类精度。其中，累计柱形图代表每进行一次信息融合所得到的精度提升。从图 5-46 可以看出，本节所提出的三次信息融合都能够有效提升分类精度。同时，不考虑对象空间信息，只用独立分类结果进行信息融合的精度要低于考虑了对象空间信息的分类精度。表明，本节提出的采用独立分割来获取对象空间范围，并考虑此信息进行的多时相多源数据融合能够有效提升地物的分类精度。

图 5-47～图 5-49 分别展示了本节所提出的考虑对象空间信息的信息融合方法对分类精度的有效提高。图 5-47 是融合的第一步，对 LiDAR 数据缺失进行了分类修正。如图 5-47 红色和黑色圆圈内所示，LiDAR 数据在这些区域存在数据缺失，造成修正前分类结果明显错误，修正后，这些区域都被赋予了正确的类别信息。图 5-48 展示了对变化区域的修正，红圈内区域存在明显的房屋变化，在修正前这些区域都被误分，修正后变化区域的分类精度得到了一定的提高。图 5-49 展示了本节所提出的方法对阴影的修正，从结果中可以看出，阴影区域内的地物在信息融合后都得到了恢复。

   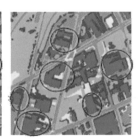

(a) 光学高分辨率遥感影像　　(b) LiDAR数据　　(c) 修正前分类结果　　(d) 修正后分类结果

图 5-47　基于信息融合的 LiDAR 数据缺失修正

(a) 光学高分辨率遥感影像　　(b) LiDAR数据　　(c) 修正前分类结果和　　(d) 修正后分类结果

图 5-48　基于信息融合的变化区域修正

(a) 光学高分辨率遥感影像     (b) LiDAR数据     (c) 修正前分类结果     (d) 修正后分类结果

图 5-49 基于信息融合的阴影修正

利用本节提出的方法所提取的不透水面分布图如图 5-50 所示，其中蓝紫色为不透水面，绿色为透水面。本结果是通过分类图的类别组合得到的，其中建筑物、道路、停车场和人行道都合并为不透水面，植被和裸土合并为透水面。

☐ 透水面
☐ 不透水面

图 5-50 不透水面分布图

不透水面分布是研究城市生态环境和发展变化的重要指标之一。基于高分辨率遥感数据的不透水面分布已经得到越来越广泛的重视和研究。多源遥感数据能够提供地物不同方面的观测信息，充分利用不同传感器所获取的多源数据能够实现不透水面信息的高精度提取。但是，并不是所有类型的遥感数据都能够实现同时观测，多源遥感数据的获取时间有可能存在较大间隔。此时，多时相多源高分辨率遥感数据间就会存在观测差异现象，主要包括真实地物变化、阴影覆盖、高层建筑物的配准误差以及数据缺失问题。如果不考虑这些观测差异，直接进行联合地物分类，就会存在无法避免的分类错误。

### 5.5.7　光学和 SAR 图像融合的城市不透水面信息遥感提取方法

合成孔径雷达(synthetic aperture radar，SAR)是一种高分辨率可成像的雷达，它所利用的雷达波段为 300MHz～30GHz，可以在能见度极低的气象条件下得到类似光学照相的高分辨率雷达图像。其利用雷达与目标的相对运动，把尺寸较小的真实天线孔径用数据处理的方法合成一个较大的等效天线孔径的雷达，也称综合孔径雷达。实际应用中，一般利用频率为 1～10GHz 的波段，这是因为大气对这种波段的影响不大。也就是说，白天黑夜、云雾雨雪等天气变化对这种波段的雷达成像结果影响甚微，可忽略不计，所以合成孔径雷达是一种全天时、全天候的雷达，它所拍摄的图像就是 SAR 图像。现有的微波频段包括 L 频段、S 频段、C 频段、X 频段，甚至更高的 K 频段，一般来说，微波遥感卫星使用的频段越低，穿透性越强；频段越高，穿透性越弱，但低频段不容易实现高分辨率，其中 C 频段是一个综合性能相对较好的电磁波频段。对于民用来说，C 频段可以刻画出更多的目标特性，应用范围更广。由于 C 频段兼顾了穿透性和高分辨率，加拿大于 2007 年 12 月发射的 RADARSAT-2 卫星、欧洲航天局分别于 2014 年 4 月和 2016 年 4 月发射的 Sentinel-1A 和 Sentinel-1B 卫星均工作在 C 频段。2017 年 1 月，我国首颗 1m 分辨率 C 频段多极化合成孔径雷达卫星高分三号也正式投入使用。

一般来说，可见光图像通常包含多个波段的灰度信息，以便于识别目标和分类提取。而 SAR 图像只记录了一个波段的回波信息，且以二进制复数形式记录下来；但每个像素的复数数据可变换提取相应的振幅信息和相位信息。SAR 图像的振幅信息一般对应于地面目标对雷达波的后向散射强度，与目标介质、含水量以及目标表面粗糙程度密切相关；该信息与可见光影像的灰度信息有较大的相关性。而相位信息则对应于传感器平台与地面目标之间的往返传播距离，这与 GPS 相位测距的原理类似。SAR 影像分辨率相对高分辨率光学影像较低、信噪比也较低，所以 SAR 影像中所包含的振幅信息远比不上光学影像的成像水平；但 SAR 影像特有的相位信息是其他传感器所没有的，基于相位的干涉建模也是 SAR 影像的主要应用方向之一。此外，SAR 影像具有一定的穿透力，而且雷达回波与目标表面材料的介电常数有关，所以可对目标表面材质进行定量分析。光学影像一般由红、绿、蓝等波段构成，而 SAR 影像根据其极化特性的不同，可分为四种极化方式：HH、HV、VH、VV(H 为水平，V 为垂直，其中 HH 和 VV 为同向极化，VH 和 HV 为异向极化)，一般来说，全极化 SAR 数据可以获取更丰富的地物信息，可以为地物目标的分类提供更丰富的信息，提高地物分类的精度。

SAR 影像与光学影像分别由完全不同的成像模式得到，因而 SAR 影像与光学影像有较大的互补性，SAR 系统全天候、全天时对地观测能力能够弥补被动式光学传感器间断性对地观测的不足，且 SAR 影像与光学影像分别反映了电磁波谱微波波段和光学波段的辐射特性。对两种影像的信息进行集成，可以实现更高精度的地物目标分类，从而提高不透水面信息的提取精度。

如图 5-51 所示，无论光学影像还是 SAR 影像，在进行不透水面信息提取之前都要进行预处理工作。与光学影像不同，受自身成像机理的影响，SAR 影像上会有许多高亮的噪声斑点，因此，SAR 影像的预处理工作必须进行去噪。在进行预处理之后，光学影像一般是中心投影，而 SAR 影像一般都是侧视接收回波信号，因而利用光学影像和 SAR 影像联合提取不透水面信息之前要对这两种数据进行配准。又因为两种影像的分辨率不同，需要对 SAR 影像进行重采样，进行配准并重采样之后，光学影像和 SAR 影像就能在同一投影坐标系下显示了，这也是光学影像和 SAR 影像融合的基本前提。然后，分别对光学影像和 SAR 影像进行特征提取，光学影像主要是提取光谱特征和纹理特征，SAR 影像主要是提取纹理特征和极化特征，其中 SAR 影像的极化特征包含了 SAR 影像的核心内容。接下来，结合光学影像的光谱特征、纹理特征以及 SAR 影像的纹理特征利用随机森林分类器进行土地利用类型的分类，同时，基于 H/A/Alpha-Wishart 模型利用 SAR 影像的极化特征进行土地利用类型分类。在决策层利用多数投票法对两种土地利用类型分类结果进行融合，得到最终的土地利用类型分类结果，并绘制不透水面分布图。

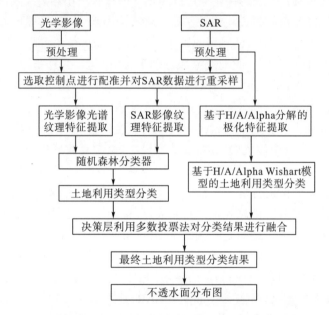

图 5-51   光学影像和 SAR 影像融合的城市不透水面信息提取流程图

如图 5-52 所示，实验地点为广州市，光学影像为高分一号，波段融合后空间分辨率为 2m；SAR 影像为高分三号 C 频段全极化数据，空间分辨率为 8m。上述图像都是经过预处理，再进行配准和重采样之后的图像。按照图 5-51 的流程，对 SAR 和光学影像进行特征提取，得到相应的土地利用类型分类结果如图 5-53 所示。

由图 5-53 可知，高分一号高分辨率影像由于存在建筑物遮挡，把一部分阴影下的植被错分为了水体，把一部分阴影下的裸土也错分为了水体，把一部分水体误分为了不透水面。单独用 SAR 极化特征的分类结果比较差，但值得注意的是，图 5-53 黑圈中光学影像阴影下误分为水体的植被在 SAR 极化特征分类结果中被清楚地区分出来，这进一步证明了 SAR 影像与光学影像的互补性。最后在决策层利用多数投票法对两种土地利用类型分类结果进行融合，得到最终的土地利用类型分类结果如图 5-54 所示。

 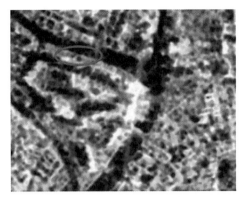

(a) 广州市高分一号数据　　　　　　　　　　(b) 广州市高公三号数据

图 5-52　研究区光学和 SAR 数据

 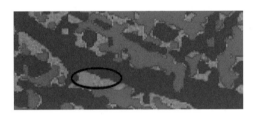

(a) 高分一号数据分类结果　　　　　　　　　(b) 高分三号数据分类结果

图 5-53　初次分类结果

(a) 光学和SAR融合后结果　　　　　　　　　(b) 真实土地利用类型

图 5-54　最终分类结果和真值

　　光学影像和 SAR 影响融合的城市不透水面信息提取方法在很大程度改善了光学影像下阴影混分为水体的结果，有效提高了不透水面信息的提取精度。对比真实的土地利用类型，该方法还是有部分误分，主要问题还是高层建筑物的遮挡问题。对于这类问题的解决方法，可以进一步融合 LiDAR 数据来进行不透水面信息提取。未来的研究中还可以根据高光谱数据、LiDAR 数据等其他类型的数据进行方法的改进。

# 5.6　城市不透水面信息遥感提取实践

　　本节挑选国内外不同发展程度的城市，提取城市不透水面信息，并开展对比分析。

### 5.6.1　中国特大城市不透水面信息遥感提取实践

图 5-55 和图 5-56 分别为上海市和天津市的不透水面信息提取成果。其中，上海市为 2m 分辨率，天津市为 0.5m 分辨率。

### 5.6.2　国际城市不透水面信息遥感提取实践

本节分别针对高分辨率遥感影像和 Landsat 影像，进行了美国城市不透水面信息的提取工作。

#### 1. 国外城市基于高分辨率遥感影像的不透水面信息提取

在高分辨率测绘卫星影像的城市不透水面信息提取方面，已经以美国布法罗市为例，进行了科学的实验分析。实验数据为 IKONOS-2 数据，获取时间是 2012 年 9 月 25 日。影像为全色影像和多光谱影像，其分辨率分别为 1m 和 4m，影像大小为 8520 像素×16308 像素。多光谱影像分为 4 个波段，分别是红、绿、蓝、近红外波段。影像覆盖区域如图 5-57 所示。

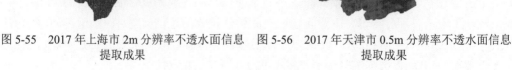

图 5-55　2017 年上海市 2m 分辨率不透水面信息　　图 5-56　2017 年天津市 0.5m 分辨率不透水面信息
　　　　　　　　提取成果　　　　　　　　　　　　　　　　　　　　　　提取成果

图 5-57　实验影像覆盖区域

实验影像中包含的地物有建筑、道路、水体、阴影、植被等。实验步骤如下。

（1）影像融合。将 IKONOS-2 的多光谱影像与全色影像进行融合，使融合后的影像空间分辨率达到 1m。

（2）植被区域提取。利用融合后的高分辨率影像获取 NDVI 影像，将影像进行阈值分割得到候选的植被区域。

（3）水体提取。利用融合后的高分辨率影像获取 NDWI 影像，将影像进行阈值分割得到候选的水体区域；再对候选水体区域进行数学形态学操作得到较为平滑、完整的水体边界区域。由于阴影与水体的光谱特征很相似，所以易将两者混淆，为获取更为精细的水体结果，本实验采用人工勾除大阴影区域的方法。

（4）阴影提取。将影像转换至 HSI 颜色空间，使用亮度（$I$）与饱和度（$S$）的差值作为阴影提取的特征，对该特征进行分割处理以获取最终的阴影区域。

（5）城市不透水面信息提取。将步骤（1）～（4）的地物分别制作为掩膜，然后将掩膜运用至原始影像中，即得到最终的城市不透水面信息提取结果，如图 5-58 所示。

2. 美国洛杉矶与拉斯维加斯区域 Landsat 影像的不透水面信息提取

图 5-59 为美国洛杉矶与拉斯维加斯区域 Landsat 影像，融合夜光遥感数据和 Landsat 影像的不透水面信息提取结果如图 5-60 所示。

图 5-58 布法罗市不透水面信息提取结果

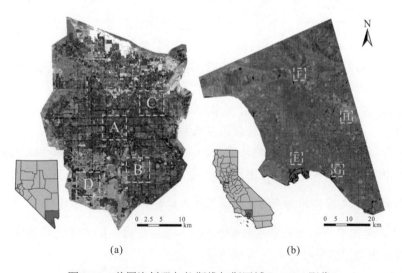

图 5-59 美国洛杉矶与拉斯维加斯区域 Landsat 影像

注: A 为拉斯维加斯，B 为洛杉矶。请注意，黄色矩形区域表示验证区域。 在每个城市中，有一个站点代表城市区域(拉斯维加斯中的站点 A，在洛杉矶中的站点 E)和代表郊区的三个站点(拉斯维加斯中的站点 B、C 和 D；在洛杉矶中的站点 F、G 和 H)。

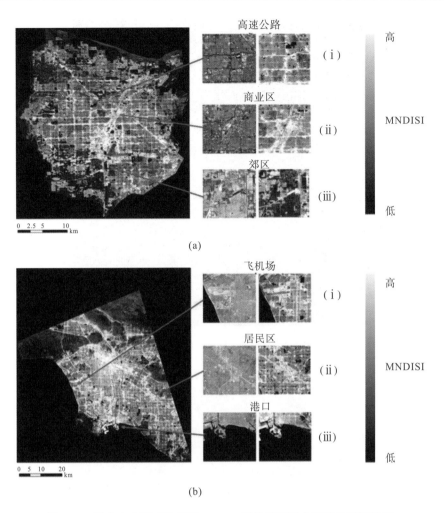

图 5-60　融合夜光遥感数据和 Landsat 影像的不透水面信息提取结果

### 5.6.3　梧州市不透水面信息遥感提取实践

利用资源 3 号(ZY-3)测绘卫星遥感影像提取梧州市不透水面信息。资源 3 号测绘卫星于 2012 年 1 月 9 日发射成功，装载 2.1m 分辨率正视全色 CCD 相机、3.5m 分辨率的前后视相机和分辨率为 5.8m 的多光谱相机。遥感影像如图 5-61 所示，提取结果如图 5-62 和 5-63 所示。

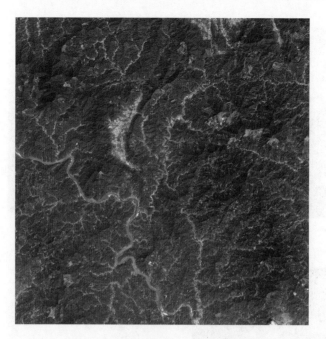

图 5-61    资源 3 号测绘卫星光谱影像

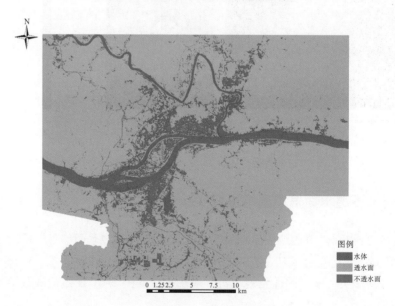

图 5-62    2016 年 200km² 防洪排涝区不透水面分类图

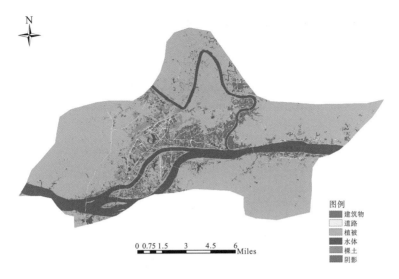

图 5-63　2016 年梧州市辖区分类图

所用到的数据属性如表 5-8 所示。

表 5-8　数据属性表

| 卫星 | 载荷 | 空间分辨率/m | 谱段 | 重访周期/d |
|---|---|---|---|---|
| 资源 3 号<br>（ZY-3）<br>测绘卫星 | 全色相机 | 2.1/3.5 | 0.50～0.80 | 3～5 |
| | 多光谱相机 | 5.8 | 0.45～0.52<br>0.52～0.59<br>0.63～0.69<br>0.77～0.89 | 3～5 |

根据已获取的 5 景 2016 年梧州市城区范围的高分 1 号卫星遥感影像，融合全色影像与多光谱影像后分辨率达 2m。该时期影像已经过高精度 DEM 正射纠正。

根据 2016 年采集的街景影像，笔者完成了红岭路、新兴三路、新兴二路、西环路、西堤三路、西堤路、锡海线、桂江二路、南环路 9 条道路不透水面的修正。未修正的道路有：新湖一路、新兴宝路、银湖南路等。

通过对红岭路、新兴三路、新兴二路、西环路、西堤三路、西堤路、锡海线、桂江二路、南环路 9 条道路不透水面的修正。在道路两旁，有较多高大行道树及绿化带，对道路的遮挡较为严重，尤其是较为狭窄的道路，几乎完全覆盖在树木下。其次是道路两旁高大建筑物投下的阴影不仅影响道路分类，对路旁的建筑物也造成一定遮挡，导致建筑物的误分。由表 5-9 可看出，根据街景影像，修正了 4063 个误分及漏分的道路对象，引起误分和漏分的原因主要是阴影遮挡和植被遮挡，其中道路的阴影遮挡修正 1183 个对象。

表 5-9　街景检查修正　　　　　　　　　　　　　　（单位：个）

| 地物类型 | 修正前 | | 修正后 | |
| --- | --- | --- | --- | --- |
| | 对象总数 | 像元总数 | 对象总数 | 像元总数 |
| 道路 | 3490 | 611855 | 7553 | 1597504 |
| 建筑物 | 67883 | 5009184 | 68283 | 5058293 |
| 植被 | 235813 | 79795526 | 2359020 | 79778903 |
| 水体 | 9713 | 14213699 | 9627 | 14210448 |
| 裸土 | 30240 | 5082481 | 29900 | 5043620 |
| 阴影 | 11346 | 1796431 | 10163 | 1392341 |

　　建筑物对象已修正 400 个，主要的误分是由类间相似性及类内相似性造成的，如裸地、道路被误分为建筑物等情况，其中将 340 个裸土对象修正为建筑物或道路。相似地，阴影由于具有较低的光谱反射率，也容易被误分为水体，根据影像实际情况，共纠正 86 个被误分为水体的阴影对象。

　　如表 5-10 所示，对实验区域进行数据统计，建筑物和道路分别占 6.01%和 1.71%。梧州多山，植被占到了 83.05%。其次是水体，占 7.41%。

表 5-10　各地类统计数据

| 地物类型 | 面积/km$^2$ | 像元数/个 | 百分比/% |
| --- | --- | --- | --- |
| 建筑物 | 13.83 | 13830189 | 6.01 |
| 道路 | 3.93 | 3934360 | 1.71 |
| 植被 | 191.02 | 191021191 | 83.05 |
| 水体 | 17.03 | 17034214 | 7.41 |
| 裸地 | 4.18 | 4185468 | 1.82 |
| 合计 | 229.99 | 230005422 | 100 |

### 5.6.4　中国小城镇不透水面信息遥感提取实践

　　安福寺镇地处宜昌市东郊，毗邻三峡国际机场，境内焦柳铁路、鸦来省道、宜张高速公路纵贯南北，沪渝高速、汉宜高铁横贯东西，区位良好，交通便捷。安福寺镇既是千年古镇、历史名镇，又是湖北省中心镇、全国重点建设镇。截至 2017 年，全镇辖 25 个行政村 121 个村民小组，3 个社区居委会，53205 人，面积为 223km$^2$，是枝江市行政面积最大的乡镇。

　　《安福寺镇全域规划(2012—2030 年)》中指出，在镇村体系方面规划确定"一个中心镇区，2 个居住社区，5 个中心村，10 个基层村"的城乡体系规模等级结构。在产业布局方面规划形成"两轴四片多点"的产业空间布局，其中"两轴"指东西产业发展主轴和南北产业发展主轴；"四片"指中部、东北、南部和北部四大片区；"多点"指工业园区、生产基地和重点旅游区。

2015 年住房和城乡建设部提出了海绵城市的建设理念，为新型城镇化指明了生态化和可持续发展的方向。海绵城市是指城市能够像海绵一样，在适应环境变化和应对自然灾害等方面具有良好的"弹性"，下雨时吸水、蓄水、渗水、净水，需要时将蓄存的水"释放"并加以利用。可见建设海绵城市，对新型城镇化的生态化和可持续发展有着重要的现实意义。

安福寺智慧乡镇信息化平台考虑未来乡镇透水性分布，图 5-64 和图 5-65 分别为该乡镇用于不透水面提取的高分 1 号遥感影像和不透水面信息提取结果。不透水面的占比反映了乡镇建设用地的空间分布和占比，也对美丽乡村的建设具有指示作用。

图 5-64　安福寺镇高分 1 号遥感影像

图 5-65　安福寺镇不透水面信息提取结果

# 本章参考文献

邵振峰, 张源, 黄昕, 等, 2018. 基于多源高分辨率遥感影像 2m 不透水面一张图提取[J]. 武汉大学学报(信息科学版), 43(12): 156-162.

李杨帆, 朱晓东, 马妍, 2008. 城市化和全球环境变化与 IHDP[J]. 环境与可持续发展, (6):42-44.

Tsai V J D, 2006. A comparative study on shadow compensation of color aerial images in invariant color models[J].IEEE Transactions on Geoscience and Remote Sensing, 44(6): 1661-1671.

Mazer A, Lee M, Martin M, et al., 1988. SPAM Spectral Analysis Manager[M].California: California Institute of Technology.

# 第6章　景观尺度不透水面信息遥感提取方法

本章探讨景观尺度不透水面信息遥感提取方法,首先介绍城市景观尺度特点与各种景观指数,然后分析典型景观特点及不透水面信息提取问题,提出多尺度多特征融合的景观尺度不透水面信息遥感提取方法、基于深度学习模型的高分辨率遥感影像不透水面信息提取方法、基于车载和地面影像的城市尺度不透水面信息提取方法,最后对景观尺度不透水面信息进行分析。

景观尺度并无一个准确的范围,主要是看其是否包括了不同的群落和生态系统。在生物多样性高、生态系统异质性大的地区,如城市建成区,景观尺度可以局限到几十平方米的水平,而在荒漠地区,景观的尺度可能会达到几十平方公里的水平。

景观生态学对城市规划设计和建设运营有什么指导意义呢?从设计角度看,景观既包含内部功能性,又包含环境整体性。城市景观的组成、结构、功能、动态变化影响景观的评价、规划、管理,直接作用于促进优化和可持续发展的景观,认识从宏观的自然和强有力的手段,调节人与自然之间的关系。

武汉市是全国第一批海绵城市建设试点城市,以武汉市青山区南干渠游园海绵化改造工程为例,图6-1为包含大量不透水面的城市景观,图6-2为该景观改造后包含大量透水面的社区环境。改造后的社区通过增大下垫面渗透系数及丰富植物品种的方式,达到渗透、滞留、积蓄、净化雨水的效果。

图 6-1　包含大量不透水面的城市景观

图 6-2　改造后包含大量透水面的社区环境

　　图 6-3 为采用不透水砖铺路的公共社区的景观，图 6-4 为改造后铺设透水砖的社区公共环境，显然图 6-4 的景观更适合居民居住和活动。

图 6-3　采用不透水砖铺路的公共社区的景观

图 6-4　改造后铺设透水砖的社区公共环境

景观生态学是研究景观空间异质度的产生原因、结果、功能的学科。景观指数（landscape metric）是对景观空间异质度分布及变化格局定量化的指标。因此，将景观指数与遥感数据相结合是对城市不透水面分布格局进行研究的有效方法。

# 6.1　城市景观尺度与景观指数

在城市空间复杂性描述中，通过分类的遥感影像计算获取的基于类别水平（class-level）、景观水平（landscape-level）的景观指数是一种十分有效的方式。不同的景观指的是两个区域在空间上至少有一个目标因素不同，景观的范围和大小常随着研究目标及尺度的变化而变化。景观中的重要组成结构为斑块，即指一种非线性的表面，且其属性不同于周围的物体。景观指数是斑块计算出的指标用来衡量研究区的空间异质度，分别从复杂度（complexity）、结构（configuration）、多样性（diversity）、连通性（connectivity）四个角度描述空间格局。本章选取了一系列经典的景观指数来描述城市中不透水面的空间分布格局。根据 Fragstats 软件对景观指数进行划分，本章将所选取的景观指数分为四类，分别为 area-edge 景观指数、shape 景观指数、aggregation 景观指数以及 diversity 景观指数。

## 6.1.1　area-edge 景观指数

### 1. 总面积（total area，TA）/类别面积（class area，CA）

TA 为景观水平下的斑块总面积，CA 为类别水平下的斑块总面积。计算公式如式（6-1）所示。其中，$a_{ij}$ 为斑块的面积，$m^2$；TA 和 CA 单位为 $hm^2$，值域范围为 $(0,+\infty)$。当整个影像只有一类斑块时，TA=CA。该指数描述了整个景观中的组成成分及其面积。

$$TA(CA) = \sum_{j=1}^{n} a_{ij} \left( \frac{1}{10000} \right) \tag{6-1}$$

### 2. 最大斑块指数（largest patch index，LPI）

LPI 可以在类别水平和景观水平下计算，若在类别水平下则描述类别 $i$ 中面积最大的斑块在整个景观中的比例，若在景观水平下描述整个景观下最大斑块面积所占的比例。class-level 下的 LPI 计算如式（6-2）所示，其中 $a_{ij}$ 为在类别 $i$ 下斑块的面积，单位是 $m^2$；$A$ 等于整个景观类别的总面积，单位是 $m^2$。景观水平下的 LPI 计算如式（6-3）所示，即在整个景观的斑块中计算最大尺寸的斑块所占面积比例。该指数为比例，单位是%，其域值范围是 $(0,100]$。该指数属于复杂度（complexity）类别，是一种有效且简单的描述景观优势度（dominance）的参数。

$$LPI = \frac{\max_{1 \leqslant j \leqslant n}(a_{ij})}{A}(100) \tag{6-2}$$

$$LPI = \frac{\max(a_{ij})}{A}(100) \tag{6-3}$$

### 3. 边缘密度(edge-density，ED)

ED 既可以在类别水平下，也可以在景观水平下计算，单位均为 m/hm$^2$，值域为 $[0,+\infty)$。ED 在 Class-level 下计算公式如式(6-4)所示，其中 $e_{ik}$ 表示第 $i$ 类内斑块的边缘总长度，单位为 m；$A$ 为整个景观类别的总面积，单位是 m$^2$。同理，在景观水平下，$E$ 代表景观中所有斑块的边缘长度。该参数属于复杂度类别指数，描述的是景观中破碎度(fragmentation)，若指数值越大，则代表破碎度越高。当斑块密度增加时，边缘密度通常也增加，因为斑块中新的边缘区域出现。

$$ED = \frac{\sum_{k=1}^{m} e_{ik}}{A}(10000) \tag{6-4}$$

$$ED = \frac{E}{A}(10000) \tag{6-5}$$

### 4. 斑块平均大小(mean patch size，MPS)

MPS 在软件 Fragstats 中采用 AREA_MN 代表，描述的是景观水平或者类别水平下斑块平均大小，单位为 hm$^2$。若在类别水平下，描述同一类别中斑块的平均大小，计算公式如式(6-6)所示，其中 $a_{ij}$ 为在类别 $i$ 下斑块的面积，单位是 m$^2$；$N$ 为该类别下斑块的个数。该指数是表征景观中斑块构成(configuration)的表征。

$$MPS = \frac{\sum_{j=1}^{n} a_{ij}}{N} \times \frac{1}{10000} \tag{6-6}$$

### 5. 斑块面积的标准差

斑块面积的标准差在软件 Fragstats 中采用 AREA_SD 表示，可以在景观水平下或类别水平下获取。若在类别水平下，计算公式如式(6-7)所示，其中 MPS 计算如式(6-6)所示，$a_{ij}$ 为在类别 $i$ 下斑块的面积，单位是 m$^2$；$N$ 等于该类别下斑块的个数：

$$AREA\_SD = \sqrt{\frac{\sum_{j=1}^{n}\left[a_{ij} - \frac{\sum_{j=1}^{n} a_{ij}}{N}\right]^2}{N}} \tag{6-7}$$

### 6. 斑块面积的变异系数

斑块面积的变异系数在软件 Fragstats 中采用 AREA_CV 表示，该指标描述了景观或类别中斑块大小的分布情况，单位为%。若在类别水平下，该指数等于同类别中的斑块面积标准差除以斑块平均面积，再乘以 100，从而得到比例结果。AREA_MN、AREA_SD、AREA_CV 都为描述斑块面积及其分布的参数。

### 7. 斑块所占景观面积比例(percentage of landscape，PLAND)

PLAND 属于基于类别水平的指数，描述的是相应类别斑块在整个景观中所占的比例，计算公式如式(6-8)所示。其中，$a_{ij}$ 为在类别 $i$ 下斑块的面积，单位是 $m^2$；$A$ 为整个景观类别的总面积，单位是 $m^2$。斑块所占景观面积比例的单位是%，其值域是 $(0,100]$。当整个景观为同一类斑块时，PLAND 等于 100%。该指数是一个相对评价指标，因此当景观面积大小变化时，比绝对的面积指数更能精确地表征一个景观的组成特征。

$$\text{PLAND} = \frac{\sum_{j=1}^{n} a_{ij}(100)}{A} \tag{6-8}$$

## 6.1.2　shape 景观指数

### 1. 形状指数均值(shape index，SI)

形状指数可以在景观水平和类别水平下计算。针对每一个斑块，该参数的计算公式如式(6-9)所示。当斑块为正方形时，该指数为 1，而斑块形状越不规则，该指数越大。SI 更正了周长面积比(perimeter-area ratio，PARA)当形状固定而面积越大但指数越小的问题，该指数是最简单直接刻画斑块形状的指数。形状指数均值在软件 Fragstats 中采用 SHAPE_MN 表示，面积加权的形状指数均值则采用 SHAPE_AM 表示，即所在水平(景观或者类别)中每个斑块乘以其面积占所在水平斑块面积总和的比例的加权和，如在类别水平时，计算公式如式(6-10)所示。SHAPE_AM 比 SHAPE_MN 更能体现斑块的结构，因为考虑了景观水平中每个斑块的面积，而不只是简单描述所有斑块面积的均值。

$$\text{SHAPE} = \frac{0.25 p_{ij}}{\sqrt{a_{ij}}} \tag{6-9}$$

$$\text{SHAPE\_AM} = \sum_{j=1}^{n} \left[ \text{SI}_{ij} \left( \frac{a_{ij}}{\sum_{j=1}^{n} a_{ij}} \right) \right] \tag{6-10}$$

式中，$p_{ij}$ 表示第 $i$ 类内第 $j$ 个斑块的周长；$\text{SI}_{ij}$ 表示第 $i$ 类内第 $j$ 个斑块的形状指数。

### 2. 面积加权的平均斑块分维数(area weighted mean patch fractal dimension，AWMPFD)

该指数描述斑块的形状复杂度(complexity)，在软件 Fragstats 中采用 FRAC_AM 表示，既可在景观水平，也可在类别水平下计算。单个斑块的 FRAC 计算公式如式(6-11)所示。其取值范围为 $[1,2]$，当该值接近 1 时，说明斑块的形状接近简单的形状，如正方形；当该值越接近 2 时，说明斑块的形状复杂度越高。FRAC_AM 是在相应水平下的面积加权平均值，计算类似于 SHAPE_AM。

$$\text{FRAC} = \frac{2\ln(0.25 p_{ij})}{\ln a_{ij}} \tag{6-11}$$

3. 周长面积比例均值(mean of perimeter-area ratio)

周长面积比例均值在软件 Fragstats 中采用 PARA_MN 表示。该参数描述景观内部或类别内斑块形状的参数,是周长面积比例(PARA)的均值。PARA 公式如式(6-12)所示,其中 $p_{ij}$ 表示第 $i$ 类内第 $j$ 个斑块的周长,单位为 m, $a_{ij}$ 为在类别 $i$ 下斑块 $j$ 的面积,单位是 $m^2$。该参数是一种简单衡量形状复杂度(complexity)的参数,当斑块的形状复杂度增加时,该参数的数值会增加,其值域为 $(0,+\infty)$。但是该参数没有进行归一化处理,当斑块的形状固定,面积增加时,该值下降,如斑块形状都为正方形,所占面积增加时,该指数呈下降趋势。

$$PARA = \frac{p_{ij}}{a_{ij}} \tag{6-12}$$

### 6.1.3　aggregation 景观指数

1. 斑块密度(patch density,PD)

PD 可以在类别水平和景观水平下计算,描述的是景观中或同一类别中斑块数目除以整个景观的面积,单位为个/$hm^2$。该参数的值会随着计算中所选规则(四邻域或八邻域)的变化而变化。

2. 景观形状指数(landscape shape index,LSI)

LSI 可以在景观水平和类别水平下计算,可用于描述斑块复杂度(complexity)。其值域范围为 $[1,+\infty)$,当斑块形状接近正方形时,该指数接近 1;当该指数增加,斑块形状越不规则,即越分散。类别水平下 LSI 的计算公式如式(6-13)所示,其中 $e_{ik}^*$ 表示景观内类别 $i$ 和类别 $k$ 的边缘长度,单位为 m;$A$ 表示景观的面积,单位为 $m^2$。与 ED 相比,该指数为归一化的边缘衡量指标,因此消除了由于斑块绝对面积不同而引起的变化。

$$LSI = \frac{0.25 \sum_{k=1}^{m} e_{ik}^*}{\sqrt{A}} \tag{6-13}$$

3. 欧氏最近相邻斑块距离(Euclidean nearest-neighbor distance,ENN)

ENN 是景观水平和类别水平下都存在的聚集度指标,它是最简单的斑块内容指标,被广泛应用于定量化分析斑块的独立性。ENN 的定义为采用欧氏几何计算得到的从某一斑块到其同类别最近相邻斑块的直线距离,单位是 m,值域范围是 $[0,+\infty)$。当 ENN 越大时,代表同类型斑块分布得越分散。ENN 的计算公式如式(6-14)所示,其中 $h_{ij}$ 是第 $i$ 类第 $j$ 个斑块到其同类最近相邻斑块的欧氏距离。在实际应用中,主要采用 ENN_MN 指标,其中 MN 代表某一类别或者整个景观中所有斑块 ENN 的均值。

$$ENN = h_{ij} \tag{6-14}$$

#### 4. 蔓延度指数(contagion index，CONTAG)

CONTAG 是只在景观水平下存在的聚集度指标。它和边密度呈负相关。当边密度很低时，如一个单独的类别在景观中占有很大的比例，CONTAG 就很大，反之亦然。此外，蔓延度也同时受到斑块类别离散度和分散度的影响。较低等级的斑块类别离散度(高比例的相似邻近)和较低等级的斑块分散度(不均分布)会导致较高的蔓延度值，反之亦然。CONTAG 的单位是%，值域为(0,100]。当斑块类别最大程度分散时，CONTAG 为 0；当所有类别的斑块最大限度聚合时，CONTAG 为 100。CONTAG 的计算公式如式(6-15)所示，其中 $P_i$ 为场景中某一类别斑块所占的比例；$m$ 为斑块类型的数量；$g_{ik}$ 是类别 $i$ 和类别 $k$ 的斑块像素间的相似邻近数量。

$$\text{CONTAG} = \left\{ 1 + \frac{\sum_{i=1}^{m}\sum_{k=1}^{m}\left[ P_i \frac{g_{ik}}{\sum_{k=1}^{m} g_{ik}} \right]\left[ \ln\left( P_i \frac{g_{ik}}{\sum_{k=1}^{m} g_{ik}} \right) \right]}{2\ln(m)} \right\}(100) \tag{6-15}$$

#### 5. 斑块结合指数(patch cohesion index，COHESION)

COHESION 是类别水平和景观水平下都存在的聚集度指标，用来衡量相应斑块类别的物理连接度。COHESION 的值域范围为[0,100]，当斑块聚集度高时，COHESION 值更高，即物理连接程度更高。类别水平和景观水平的 COHESION 计算公式分别如式(6-16)和式(6-17)所示，其中，$P_{ij}^*$ 为第 $i$ 类第 $j$ 个斑块的周长；$a_{ij}^*$ 为第 $i$ 类第 $j$ 个斑块的面积；$Z$ 为景观中单元格的总数。

$$\text{COHESION} = \left[ 1 - \frac{\sum_{j=1}^{m} P_{ij}^*}{\sum_{j=1}^{m} P_{ij}^* \sqrt{a_{ij}^*}} \right]\left[ 1 - \frac{1}{\sqrt{Z}} \right]^{-1}(100) \tag{6-16}$$

$$\text{COHESION} = \left[ 1 - \frac{\sum_{i=1}^{n}\sum_{j=1}^{m} P_{ij}^*}{\sum_{i=1}^{n}\sum_{j=1}^{m} P_{ij}^* \sqrt{a_{ij}^*}} \right]\left[ 1 - \frac{1}{\sqrt{Z}} \right]^{-1}(100) \tag{6-17}$$

#### 6. 相似邻近百分比(percentage of like adjacencies，PLADJ)

PLADJ 是类别水平和景观水平下都存在的聚集度指标，根据邻近矩阵进行计算。邻近矩阵是指范围内不同类别斑块相邻出现的概率。PLADJ 的单位是%，值域范围是[0,100]。当 PLADJ 为 0 时，同一斑块类别最大限度地分散，没有相似邻近的存在，即每一个像素都属于不同斑块。当 PLADJ 为 100 时，整个景观只包含单一的斑块，所有的邻近都是统一类别。PLADJ 在类别水平下的计算公式如式(6-18)所示，其中 $g_{ii}$ 是类别 $i$ 的斑块像素间的相似邻近数量；$g_{ik}$ 是类别 $i$ 和类别 $k$ 的斑块像素间的相似邻近数量。PLADJ 在景观水平下的计算公式如式(6-19)所示。

$$\text{PLADJ} = \left[\frac{g_{ii}}{\sum_{k=1}^{m} g_{ik}}\right](100) \tag{6-18}$$

$$\text{PLADJ} = \left[\frac{\sum_{i=1}^{m} g_{ii}}{\sum_{i=1}^{m}\sum_{k=1}^{m} g_{ik}}\right](100) \tag{6-19}$$

### 7. 分离指数(splitting index，SPLIT)

SPLIT 是景观水平和类别水平下都存在的聚集度指标，它基于累计的斑块面积分布。SPLIT 的值域为[0，斑块元胞的数量]，当景观只包含一个斑块则达到最小值，值越大，代表着景观分离程度越大。类别水平下 SPLIT 的计算公式如式(6-20)所示，其中 $A$ 是整个景观的面积；$a_{ij}$ 是第 $i$ 类第 $j$ 个斑块的面积。景观水平下 SPLIT 的计算公式如式(6-21)所示。

$$\text{SPLIT} = \frac{A^2}{\sum_{j=1}^{m} a_{ij}^2} \tag{6-20}$$

$$\text{SPLIT} = \frac{A^2}{\sum_{i=1}^{n}\sum_{j=1}^{m} a_{ij}^2} \tag{6-21}$$

### 8. 聚集指数(aggregation index，AI)

AI 既可以在类别水平，也可以在景观水平下计算，其单位为%，值域范围是[0,100]。AI 代表了区域内同一类别不同斑块相邻出现的频率，用来描述同类斑块的聚集程度。在类别尺度下，AI 的计算公式如式(6-22)所示，其中 $g_{ii}$ 为类别 $i$ 的斑块像素间相似邻接的数量，分母为最大程度上斑块聚集在一起时相似邻接的数量。景观尺度下，AI 的计算公式如式(6-23)所示，其中 $P_i$ 为景观类型 $i$ 所占的比例。AI 的值越大，代表景观的聚集程度越高。

$$\text{AI} = \left[\frac{g_{ii}}{\max \to g_{ii}}\right](100) \tag{6-22}$$

$$\text{AI} = \left[\sum_{i=1}^{m}\left(\frac{g_{ii}}{\max \to g_{ii}}\right)P_i\right](100) \tag{6-23}$$

### 9. 斑块数目(number of patches，NP)

NP 表示在所选景观水平中斑块的数目。该指数是一个基本的表示斑块空间分布的参数，其值会随着计算中所选规则(四邻域或八邻域)的变化而变化。本章中 NP 选择在类别水平下评估。

10. 聚类指数(clumpiness index，CLUMPY)

CLUMPY 是只在类别水平下存在的聚集度指标。它根据邻近矩阵进行计算。CLUMPY 的单位是%，值域为[-1,1]。对于任意的斑块类别比例 $P_i$，当类别斑块最大程度分散时，CLUMPY 等于-1；当斑块随机分布时，CLUMPY 等于 0；当类别斑块最大程度聚合时，CLUMPY 等于 1。CLUMPY 的计算公式如式(6-24)和式(6-25)所示，其中 $g_{ik}$ 是类别 $i$ 和类别 $k$ 的斑块像素间的相似邻近数量；$P_i$ 为场景中某一类别斑块所占的比例；$G_i$ 为近邻矩阵。

$$\text{Given} G_i = \left( \frac{g_{ii}}{\sum_{k=1}^{m} g_{ik}} \right) \tag{6-24}$$

$$\text{CLUMPY} = \begin{bmatrix} \dfrac{G_i - P_i}{1 - P_i} & \text{for} & G_i \geq P_i \\[2mm] \dfrac{G_i - P_i}{1 - P_i} & \text{for} & G_i < P_i; P_i \geq 0.5 \\[2mm] \dfrac{P_i - G_i}{-P_i} & \text{for} & G_i < P_i; P_i < 0.5 \end{bmatrix} \tag{6-25}$$

## 6.1.4　diversity 景观指数

1. 香农多样性指数(Shannon's diversity index，SHDI)

SHDI 是一种景观水平下的多样性指标，它是群落生态学中一种非常常用的指标。SHDI 能够反映出不同类别斑块的分布多样性，但是它有时对数量比较少的斑块类型比较敏感。SHDI 的值域是$[0, +\infty)$，当斑块的类别数增加或者不同类别斑块的面积分布更加均衡时，SHDI 的值变大。SHDI 的计算公式如式(6-26)所示，其中 $P_i$ 为场景中某一类别斑块所占的比例；$m$ 为斑块类型的数量。

$$\text{SHDI} = -\sum_{i=1}^{m} (P_i * \ln P_i) \tag{6-26}$$

2. 香农均匀度指数(Shannon's evenness index，SHEI)

SHEI 是一种景观水平下的多样性指标，用来反映不同斑块类型在整个景观内部分布的均匀程度，是否有某一种斑块占有比较高的均匀度。SHEI 的值域范围是[0,1]，当 SHEI 比较大时，表示不同类型斑块的面积分布比较均匀。SHEI 的计算公式如式(6-27)所示，其中 $P_i$ 为场景中某一类别斑块所占的比例；$m$ 为斑块类型的数量。

$$\text{SHEI} = \frac{-\sum_{i=1}^{m} (P_i * \ln P_i)}{\ln m} \tag{6-27}$$

## 6.2　城市景观尺度不透水面信息遥感提取方法

城市景观一定程度上代表了其区位特色或功能分区，精细化的不透水面信息提取和监测体现了对城市规划指标的精确分解，是城市人居环境的真实体现。监测景观尺度不透水面并确保其不超过功能设计的比率，是确保城市可持续发展的微观需求。

### 6.2.1　城市典型景观特点及不透水面信息遥感提取需求

景观尺度既是城市的最小尺度单元，也与人居环境密切相关。图 6-5 为带有篱笆和透水面院子的独栋建筑景观，该景观尺度的不透水面仅仅为建筑物屋顶，其他地表均为透水面，景观透水性好。图 6-6 为联排建筑物社区景观，相对于图 6-5 的景观，其不透水面增加了道路。

图 6-5　带有篱笆和透水面院子的独栋建筑景观

图 6-6　联排建筑物社区景观

　　图 6-7 为行道树覆盖了部分道路的成熟社区景观，该景观内的不透水面包括房屋和道路，由于部分道路(不透水面)被行道树遮挡，在进行遥感提取时要考虑道路的不透水面特性。

图 6-7　行道树覆盖部分道路的成熟社区景观

　　海绵城市的规划和建设最终都需要在景观尺度落地，包括对老城区进行改造、对新城区进行规划和建设。如何建立一个个具备自然积存、自然渗透、自然净化的海绵景观，通过雨污分流、排水管网改造、增加下沉式绿地等方式达到减缓地表径流、消减径流污染的目的，是需要跨学科研究的问题，核心是如何建立海绵城市景观尺度自然渗透和净化的能力评估模型。

　　例如，针对图 6-1 包含大量不透水面的城市景观，要根据遥感影像提取高精度的景观尺度不透水面分布，然后根据具体的降雨等级评估景观尺度产生的地表径流，评估如何改善该景观的微排水环境，如何消除渍水现象，从而解决该景观排水不畅、局部积水等问题。

　　相应地也可以考虑雨水花园、植草沟、卵石边沟、生态旱溪和透水铺装等海绵改造措施。雨水花园可设置在现状绿地内积水较严重的地方，通过增大下垫面渗透系数及丰富植物品种的方式，达到渗透、滞留、积蓄、净化雨水的作用；多沿道路布置植草沟，结合地形引导雨水进入雨水花园。

## 6.2.2　多尺度多特征融合的景观尺度不透水面信息遥感提取方法

　　多尺度多特征融合的景观尺度不透水面信息遥感提取流程如图 6-8 所示。

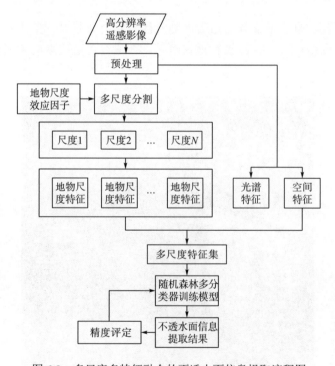

图 6-8　多尺度多特征融合的不透水面信息提取流程图

　　多源遥感影像具有光谱、空间和时间上的互补性，综合利用这一特性可以有效提高不透水面信息提取的准确性。基于不透水面地物尺度效应，充分利用多源遥感数据在对应尺度下不透水面地物的显著特征，构建多尺度层次特征空间，生成多尺度特征集，采用随机森林算法实现多分类器系统的集成，从而形成多特征融合的多分类器集成的不透水面信息提取模型。图 6-9 和图 6-10 分别为武汉市青山示范区的卫星影像和通过本节方法得到的不透水面信息提取结果。

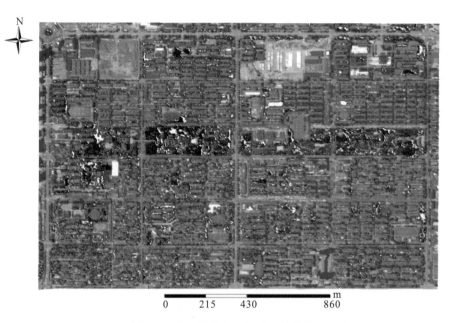

图 6-9　武汉市青山示范区卫星影像

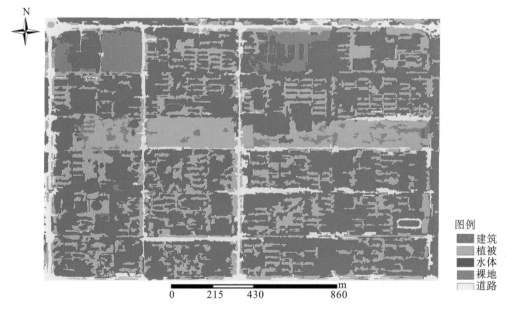

图 6-10　武汉市青山示范区不透水面信息提取结果

在城市复杂地表区域,影响不透水面信息提取精度的阴影问题和树木遮挡问题并没有得到有效解决,仅使用高分辨率影像的光谱特征、空间特征来提取城市不透水面信息具有信息不足的先天缺陷,如何融合多源数据特征实现对阴影区域或有遮挡区域不透水面信息的定量提取是我们面临的挑战。

### 6.2.3　基于深度学习模型的高分辨率遥感影像不透水面信息遥感提取方法

　　面对海量的遥感数据,传统的人工设计特征的策略已不再适用。为了从海量遥感数据中快速而准确地提取到所需信息,实现自适应的特征学习是必要的。因此需要研究深度学习模型等人工智能处理方法。

　　近些年,深度学习技术已引起学术界的广泛关注,并逐渐成为遥感影像场景分类和特征提取等领域的研究热点。深度学习技术通过构造多层网络结构对图像内容进行逐级特征表达,能够实现特征的自适应学习。鉴于传统的基于低层视觉特征(如颜色或纹理等)的遥感影像提取技术存在依赖人工设计特征,特征表征能力差导致提取结果不理想等问题,本书主要研究基于深度学习技术对复杂的遥感影像进行场景建模,通过自适应特征学习实现海量遥感影像的精确、快速、自动提取。

　　传统的图像特征提取都属于人工设计特征,不仅费时费力,而且学习的特征往往不足以表征复杂的遥感影像。本书将充分发挥遥感大数据的优势,研究一种无监督的自适应的特征学习方法,具体实现流程如图 6-11 所示。该方法以自编码器(auto-encoder)作为网络的基本结构,提取的图像局部特征(如 SIFT、dense SIFT 等)作为网络输入进行训练。网络训练结束后,通过阈值函数对学习的特征进行稀疏化处理,以增强特征的线性可分性。相比现有的无监督特征学习方法,如自编码器(auto-encoder)等,本书提出的无监督特征学习方法能够直接学习整幅图像的局部特征,避免了通过卷积操作来计算整幅图像的特征。此外,以局部特征而非原始像素作为网络输入进行训练,学习的特征表达能力更强。具体研究内容包括:无监督特征学习网络构建和特征稀疏化方法。利用 CNN 网络,将整个影像作为输入,并对影像做卷积和池化操作,再利用反卷积层对特征层进行反卷积运算,使得最后输出结果和原始输入具有相同的尺寸,得到最终的不透水面信息提取结果。

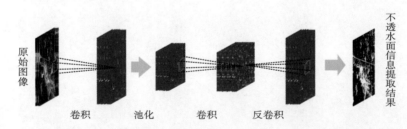

图 6-11　基于深度学习模型提取景观尺度不透水面信息的流程

## 6.3　基于车载和地面影像的城市景观尺度不透水面信息遥感提取方法

　　基于车载和地面影像的城市景观尺度不透水面信息遥感提取方法的总体流程如图 6-12 所示。

### 6.3.1　基于景观尺度场景分析的高分辨率遥感影像不透水面信息提取

一个具体的场景，通常包括建筑物、道路、硬质铺装、植被、裸地、水体等不同类型。例如，武汉大学校园景观优美，是典型的城市人文教育景观。图 6-13 为武汉大学高分辨率遥感影像，图 6-14 为对应的不透水面等下垫面提取结果。武汉大学位于东湖之滨，坐拥珞珈山，环境优美，校园绿化覆盖率高。通过遥感卫星影像进行不透水面信息提取结果分析，武汉大学植被和裸土占其土地面积的 65%，建筑、道路及硬质铺装占其土地面积的 34%，水体占比为 1%，校园景观中不透水面占比一般低于城市不透水面占比。

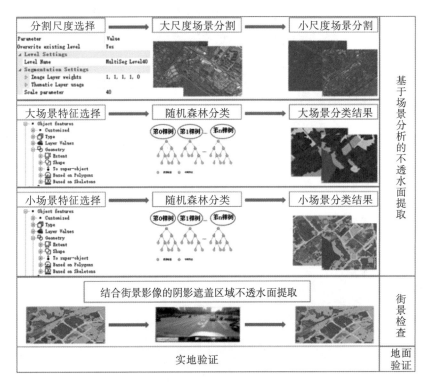

图 6-12　总体提取流程

图 6-13　武汉大学高分辨率遥感影像

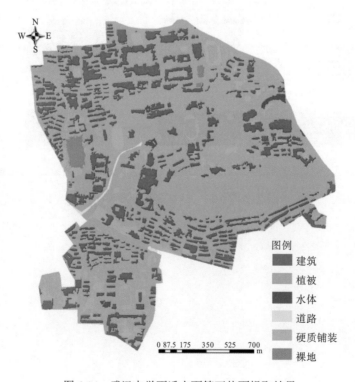

图例

- 建筑
- 植被
- 水体
- 道路
- 硬质铺装
- 裸地

图 6-14　武汉大学不透水面等下垫面提取结果

　　再举一个例子，济南市千佛山风景区是典型的城市内人文与自然结合的景观。图 6-15 为济南市千佛山景区遥感影像，图 6-16 为济南市千佛山景区建筑和道路等不透水面信息提取结果。千佛山位于济南市区南部，属泰山余脉，海拔为 285m 左右，峰峦起伏、林木茂盛。景区内建筑、道路和硬质铺装仅占 4%，其余均为植被和裸地等透水地面，与济南市区形成反差。

图 6-15　济南市千佛山景区遥感影像

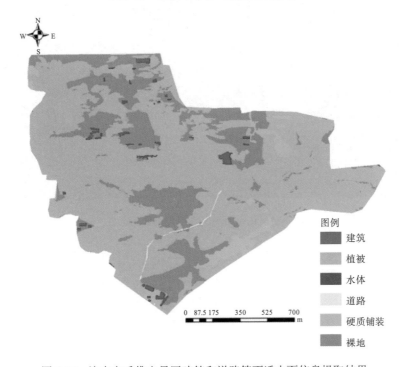

图 6-16　济南市千佛山景区建筑和道路等不透水面信息提取结果

### 6.3.2 基于街景影像的景观尺度不透水面信息遥感提取结果检查

仅利用遥感影像难以获取被高大建筑物投下的阴影及树木遮挡的地物类型。本书使用全景地图弥补沿街道两旁的不透水面缺失数据。全景地图也称为街景地图、360度全景地图、全景环视地图。全景地图是指把三维图片模拟成真实物体的三维效果地图，浏览者可以拖拽地图从不同角度浏览真实物体的效果。

图 6-17 为梧州市城区新兴三路遥感影像，影像上有明显的阴影投影到路面上，使得该处光谱反射率较低，难以识别该处地物。图 6-18 和图 6-19 为 2016 年 5 月份采集的街景地图，结合街景地图可以看出该处行道树下为人工构建的不透水面。本书采用遥感影像与街景结合的方式，对遥感影像不能估计的树下及阴影下地物进行修正，以提高不透水面信息提取精度。

图 6-17　梧州市城区新兴三路遥感影像

图 6-18　新兴三路街景影像一

图 6-19　新兴三路街景影像二

### 6.3.3　景观尺度不透水面信息遥感提取结果的实地验证

为了获取更高精度的结果，对未进行街景检查的不确定区域进行实地考察验证，以保障景观尺度不透水面信息遥感提取结果的可靠性。

如图 6-20 所示，在提取广西梧州市城市不透水面信息的时候，针对新湖一路、新兴宝路、银湖南路、大中路、建设路及其附近小区景观进行实地验证。

图 6-20    大学路两旁道路及小区内地物类型

### 6.3.4    景观尺度不透水面信息遥感提取结果与地理国情普查数据的对比

可采用遥感影像与地理国情普查数据进行比对的方法验证数据的有效性。采用遥感影像提取的不透水面与地理国情数据基本吻合。在水体提取上，由于水位的差异，河岸边裸露的沙地与遥感影像提取的河流区域略微不同。如图 6-21 所示，(a) 和 (c) 分别为地理国情数据，(b) 和 (d) 为遥感影像提取结果。其中红色表示建筑区域，黄色表示道路，绿色及蓝色表示水体。将 (a) 和 (b) 进行对比可发现，两者在河流边缘有少许不同。由于地物变化，在 (c) 和 (d) 中 2016 年的遥感影像提取的建筑物多与地理国情数据的建筑物区域吻合。

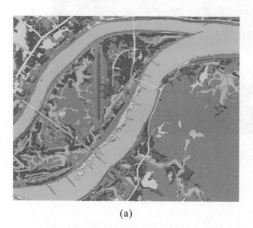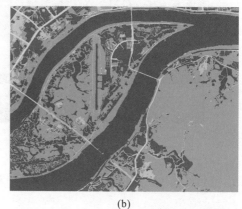

(a)                                                                           (b)

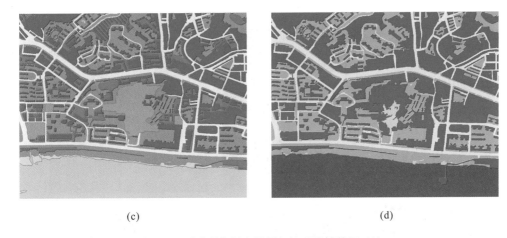

(c)　　　　　　　　　　　　　　　　(d)

图 6-21　遥感影像提取结果与地理国情数据对比

## 6.4　城市景观尺度透水铺装信息的遥感提取

目前的景观材质类型多样，可通过遥感光谱来进行区分，而且很多铺装材质的透水性可通过遥感光谱来区分。图 6-22 为武汉市海绵城市示范区中不同景观典型地物材质图，图 6-23 为作业人员采集地物材质光谱信息，图 6-24 为不同景观典型地物的光谱特征图。

图 6-22　武汉市海绵城市示范区中不同景观典型地物材质

图 6-23　武汉市海绵城市示范区中作业人员采集地物材质光谱信息

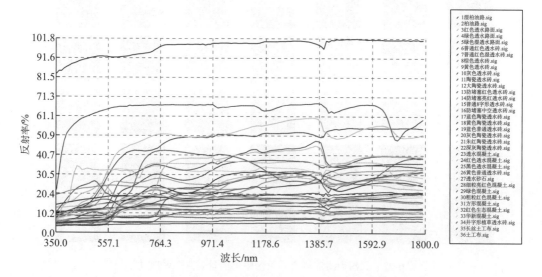

图 6-24　武汉市海绵城市示范区中不同景观典型地物光谱特征

图 6-25 和图 6-26 分别为绿色透水混凝土铺装干燥状态和淋雨后的光谱特征。

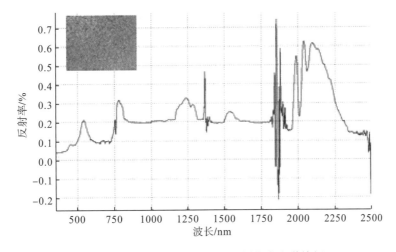

图 6-25　绿色透水混凝土铺装干燥状态光谱特征

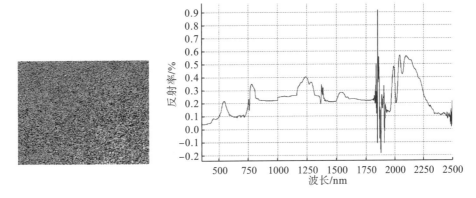

图 6-26　绿色透水混凝土铺装淋雨后的光谱特征

　　借鉴景观生态学中景观的概念，将研究区不透水面划分为多种类型，并计算各类型的景观指数。其中，全覆盖类型(盖度大于斑块面积)在整个研究区域中占绝对优势，且历年来呈增长趋势，导致了研究期间整个研究区域的景观多样性指数总体呈降低趋势。

　　覆盖类型的斑块破碎化程度增大，而聚集指数基本不变，斑块形态较为规整，体现了城市化过程中城市规划对全覆盖斑块的影响。

　　在研究区广场类景观轴线上不透水面盖度的空间分布均存在标度不变性，一维盒维数反映了数据序列密集程度的变化，揭示了不透水面盖度数据是如何填充整个轴线的。

　　基于统计学中莫兰指数(Moran's I)的计算结果表明，研究区不透水面盖度的空间分布存在强的空间依赖性，1997～2010 年，研究区不透水面盖度的空间自相关性表现出从聚集到分散再到聚集的过程。莫兰指数仅仅从单个探测尺度上(即邻域范围内)揭示了不透水面盖度分布的空间自相关性，为了从多尺度上揭示整体与部分之间规律的相似性，对研究区不透水面盖度图像进行二维去趋势波动分析(detrended fluctuation analysis, DFA)，结果表明研究区四个年份的 DFA 标度指数均接近 $1/f$ 噪声，说明在多个空间尺度范围内不透水面盖度都存在相同的变化属性，即某个像元盖度的增加会引起一定尺度范围内其他像元盖度的增加，反之亦然。但是不透水面盖度空间分布的长程自相关性不存在多重分形性，只需一个标度指数即可反映其空间分布的长程自相关性特征。分形长程自相关性特征表明研究区不透水面盖度的空间分布具有分形布朗运动的特点，DFA 标度指数越大，则数据间的长程自相关性就越强，数据间的波动就越慢，数据的空间分布就越均匀，反之亦然。因此，DFA 标度指数也可以看作是不透水面盖度空间分布均匀度的一个标志。

在景观尺度不透水面研究中得到的结论如下。

(1)可通过平衡各不透水面类型的百分比构成以及最优化其空间布局来减轻城市化的热效应。

(2)不同不透水面占比的景观尺度降雨量的吸纳能力存在差异。

# 第7章 多尺度不透水面信息应用

当前，全球和区域不透水面信息广泛应用于研究全球和区域环境变化。本章分别从全球尺度、国家尺度、区域尺度、流域尺度、城市尺度和景观尺度剖析不透水面信息的应用。其中，区域尺度选择长江三角洲区域开展研究，既讨论区域不透水面丰度空间格局，又研究不透水面的时空变化。在流域尺度，以秦淮河流域为例，开展流域城市对比分析，并展望不透水面监测未来在长江经济带规划中的应用；在城市尺度，选择我国海绵城市试点城市武汉市开展研究；在景观尺度，选择海绵城市中的示范区景观，开展微观规划和海绵城市理念景观分析，分别对老城改造和新区规划进行分析。

## 7.1 全球尺度十米级不透水面信息应用

全球和区域尺度不透水面面积的变化是了解全球城市化对人类社会和环境影响的重要指标。作为世界上建成区的重要代表，全球和区域尺度不透水面信息在控制能源和物质流动、反映人类活动的各个层面上起着至关重要的作用。例如，全球气候变化研究需要结合全球不透水面信息在内的准确的年度全球土地覆盖信息。此外，在城市和区域规划与管理中，不透水面信息也起着至关重要的作用。总而言之，全球范围内不透水面面积的快速增长对生物多样性、地表覆盖变化和环境质量产生了重大的影响，这些都与人类息息相关并最终影响人类的健康和福祉。图 7-1 显示了 1985～2018 年全球各区域不透水面面积增长情况。

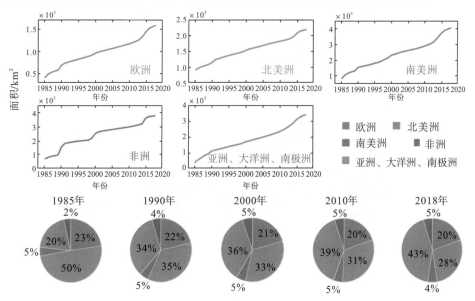

图 7-1　1985～2018 年区域尺度的不透水面面积增长情况 (Gong et al.，2020)

遥感技术使得全球范围内开展不透水面测量成为可能。现有的全球尺度不透水面研究都基于多源遥感数据，其中光学遥感影像可以捕捉到地面的反射特性，而合成孔径雷达图像可以提供地面材料的结构和介电特性信息。此外，夜光遥感图像可以检测人类活动的强度，从而提供不透水面存在的先验概率。全球尺度的不透水面绘制，有助于为未来城市化研究提供可靠支持。已有的全球尺度不透水面产品包括清华大学宫鹏教授研究组发布的全球逐年高分辨率不透水面制图产品，其空间分辨率为 30m。该产品的研究基于时间序列的全球不透水面数据，揭示了全球城市化进程在主要国家和地区的差异。

## 7.2　中国内地米级不透水面信息应用

作者所在的研究团队于 2017 年基于资源 3 号、高分 1 号和高分 2 号等遥感影像数据，开发了自主知识产权软件，采用深度学习等模型和方法，率先实现了中国内地 31 个省（自治区、直辖市）2m 分辨率不透水面专题成果。

从全国范围看，不透水面专题信息可以作为地理国情普查成果的一类专题要素，是地理市情、地理省情和地理国情的重要内容。此外，不透水面信息也可以同 GDP、人口等统计数据进行综合分析，用于评价城市和省份的人均经济状况或者单位产出。图 7-2 为 2017 年中国内地各省（自治区、直辖市）不透水面面积占比情况，图 7-3 为 2017 年中国内地各省（自治区、直辖市）单位不透水面面积 GDP 产出；表 7-1 为 2017 年中国内地各省（自治区、直辖市）人均不透水面情况。

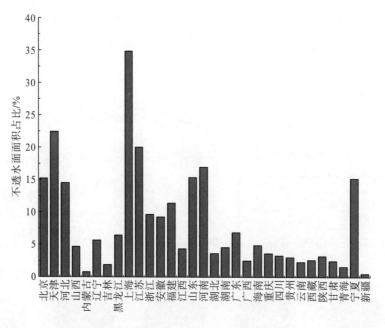

图 7-2　2017 年中国内地各省（自治区、直辖市）不透水面面积占比情况

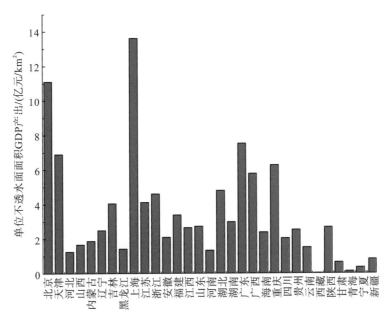

图 7-3　2017 年中国内地各省(自治区、直辖市)单位不透水面面积 GDP 产出

表 7-1　2017 年中国内地各省(自治区、直辖市)人均不透水面情况

| 省级区域 | 不透水面面积/km² | 人均不透水面面积/m² |
|---|---|---|
| 北京 | 2519.71 | 116.08 |
| 天津 | 2690.32 | 172.80 |
| 河北 | 27372.63 | 364.0 |
| 山西 | 7707.53 | 217.79 |
| 内蒙古 | 11084.27 | 438.28 |
| 辽宁 | 8819.92 | 208.36 |
| 吉林 | 3825.94 | 144.62 |
| 黑龙江 | 11089.66 | 291.30 |
| 上海 | 2219.00 | 91.76 |
| 江苏 | 21360.87 | 274.63 |
| 浙江 | 10226.46 | 182.94 |
| 安徽 | 13085.19 | 209.20 |
| 福建 | 8014.84 | 207.22 |
| 江西 | 7543.58 | 159.78 |
| 山东 | 24165.75 | 243.56 |
| 河南 | 28495.67 | 311.34 |
| 湖北 | 7004.72 | 113.77 |
| 湖南 | 10042.69 | 148.06 |
| 广东 | 12627.03 | 113.04 |
| 广西 | 6339.08 | 147.27 |

| 省级区域 | 不透水面面积/km² | 人均不透水面面积/m² |
|---|---|---|
| 海南 | 1734.23 | 189.74 |
| 重庆 | 3107.48 | 101.05 |
| 四川 | 16654.17 | 182.46 |
| 贵州 | 5618.66 | 156.95 |
| 云南 | 9380.38 | 199.06 |
| 西藏 | 33278.30 | 10408.89 |
| 陕西 | 6965.49 | 183.90 |
| 甘肃 | 11056.95 | 432.33 |
| 青海 | 13795.30 | 2323.78 |
| 宁夏 | 7707.97 | 1142.10 |
| 新疆 | 10988.32 | 458.23 |

## 7.3  区域尺度十米级不透水面信息应用

通过对多时相不透水面丰度结果进行时空变化分析，可分析出区域内不透水面变化态势。例如，通过对长江三角洲不透水面变化趋势的分析发现，该区域不透水面呈增长趋势且整体上呈现"聚集-连通"特点。以 $\Delta$ISA（不透水面扩张面积）和 EI 为量化指标，上海和苏州等规模较大城市的$\Delta$ISA 普遍较高，但一些新兴的中小型城市具有更高的 EI，说明不同城市的不透水面时空演化具有一定的差异性。

### 7.3.1  区域不透水面丰度空间格局分析

以长江三角洲为例，由图 7-4 可以看出，长江三角洲的不透水面空间分布呈现出较明显的"大聚集，小分散"特征。大规模的不透水面主要分布在上海、南京、杭州、苏锡常（苏州、无锡和常州）等中心城市。这些城市从西至东、由北到南形成了一条"Z"形轴线。小规模的不透水面主要分布在这条"Z"形轴线周围，其中又以太湖流域较为密集。在绵延的城市带区域以外不透水面丰度总体较低，尤其是在长江三角洲北部农业区和西南部山区，只有零星的不透水面分布。

长江三角洲各个城市的不透水面分布也存在较大差异（表 7-2）。上海是唯一一个不透水面总体丰度超过 30%的城市，不透水面总面积达到 2037.84km²，其次为无锡（14.97%）和苏州（14.86%），不透水面总面积分别为 712.23km² 和 1286.31km²。值得注意的是，一些不透水面总面积较大的城市，如杭州（727.50km²）和宁波（784.57km²）等，其不透水面丰度却较低。这是因为这些城市分布有大面积的农业用地或林地，因此在整体上拉低了整个城市的不透水面丰度。

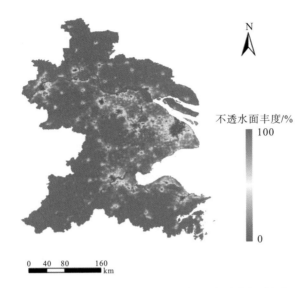

图 7-4　长江三角洲 2001～2010 年平均不透水面丰度

表 7-2　长江三角洲 2001～2010 年城市尺度不透水面丰度与面积

| 城市名称 | 城市总面积/km² | 不透水面丰度/% | 不透水面面积/km² |
|---|---|---|---|
| 常州 | 4464.65 | 10.10 | 450.93 |
| 杭州 | 16918.60 | 4.30 | 727.50 |
| 湖州 | 5910.60 | 4.53 | 267.75 |
| 嘉兴 | 4009.78 | 9.10 | 364.89 |
| 南京 | 6788.03 | 9.61 | 652.33 |
| 南通 | 8837.65 | 4.09 | 361.46 |
| 宁波 | 8659.71 | 9.06 | 784.57 |
| 上海 | 6400.25 | 31.84 | 2037.84 |
| 绍兴 | 8007.28 | 4.53 | 362.73 |
| 苏州 | 8656.19 | 14.86 | 1286.31 |
| 泰州 | 6000.29 | 3.49 | 209.41 |
| 无锡 | 4757.72 | 14.97 | 712.23 |
| 扬州 | 6865.30 | 3.66 | 251.27 |
| 镇江 | 3944.30 | 5.96 | 235.08 |

## 7.3.2　区域不透水面时空变化分析

从图 7-5 可以看出，2001～2010 年长江三角洲地区的不透水面总体呈现出快速扩张的趋势，从 2001 年的 5.21%增长到 2010 年的 12.76%，年均增长幅度为 0.76%（约 701.68km²）。在各年份中又以 2002～2003 年增长最快，达到 1.52 个百分点，其次为 2001～2002 年（1.26 个百分点）和 2009～2010 年（1.15 个百分点）。

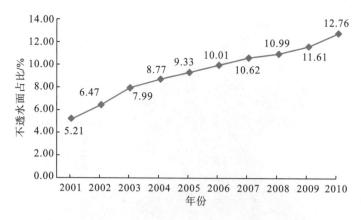

图 7-5 2001～2010 年长江三角洲不透水面变化趋势

在空间上，2001～2010 年长江三角洲的不透水面扩张呈现出 "聚集-连通"特征。具体来说，在 2001 年主要的不透水面呈孤岛状集中于"Z"形城市群轴线上[图 7-6(a)]，整体呈较明显的"点-轴"分布。到 2005 年除上海外同时出现了多个不透水面高值区域，城市扩张表现出从中心点向外的辐射状分布。沪宁和沪杭沿线呈现彼此连通趋势[图 7-6(b)]。到 2010 年中心城市周围的不透水面增长更为明显，"点-轴"分布逐渐演变为"轴-带"分布。此外，一些远离轴线零星分布的不透水面区域也表现出一定的扩张态势[图 7-6(c)]。2001～2010 年长江三角洲不透水面增长区域主要集中于城市与农村的接合地带，其中又以上海、南京、杭州和苏锡常较为明显[图 7-6(d)]。而在城市中心区域和远离"Z"形城市群的北部、西南部和南部，不透水面的增长则并不显著。

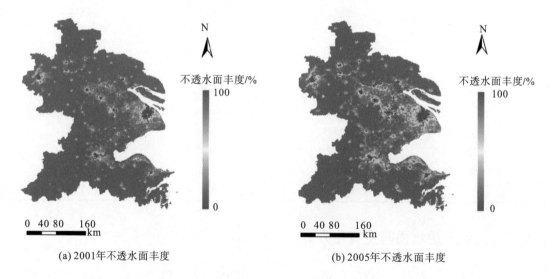

(a) 2001年不透水面丰度　　　　　　　　　　(b) 2005年不透水面丰度

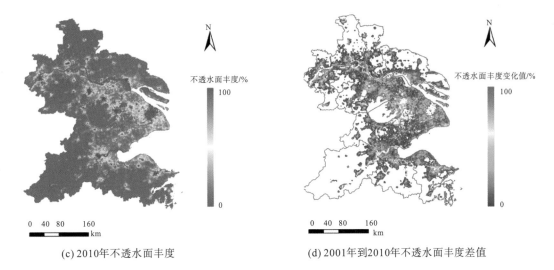

(c) 2010年不透水面丰度　　　　　　　　(d) 2001年到2010年不透水面丰度差值

图 7-6　长江三角洲 2001～2010 年不透水面丰度空间变化格局

在城市水平上，选用不透水面扩张面积（$\Delta$ISA）和扩张指数（expansion index，EI）两种指标对 2001～2010 年长江三角洲不透水面变化进行定量刻画（Haas and Ban, 2014），二者的计算公式如下：

$$\Delta\text{ISA} = \text{ISA}_{t1} - \text{ISA}_{t2} \tag{7-1}$$

$$\text{EI} = \frac{\text{ISA}_{t2} - \text{ISA}_{t1}}{\text{ISA}_{t1}} \times 100\% \tag{7-2}$$

式中，$\text{ISA}_{ti}$ 表示 $ti$ 时刻的不透水面面积。

从表 7-3 可以看出，长江三角洲各城市在 2001～2010 年不透水面都有显著增长。除上海以外，其他城市的 EI 都超过了 100%。一些新兴的中小型城市如南通、镇江、常州、泰州的 EI 超过 200%。相反，作为区域轴心城市的上海则表现出相对缓慢的不透水面增长趋势，这与其本身的不透水面基底水平较高和城市扩张容量限制有关。在 $\Delta$ISA 方面，上海和苏州是仅有的两个不透水面总增长面积超过 1000km$^2$ 的城市（分别为 1010.44km$^2$ 和 1132.66km$^2$）。其他城市的 $\Delta$ISA 为 229.87～666.53km$^2$，整体而言，$\Delta$ISA 与长江三角洲各城市的自身规模具有一定的相关性。

表 7-3　长江三角洲 2001～2010 年城市尺度 $\Delta$ISA 与 EI 统计

| 城市名称 | 城市总面积/km$^2$ | $\Delta$ISA/km$^2$ | EI/% |
| --- | --- | --- | --- |
| 常州 | 4464.65 | 496.68 | 239.75 |
| 杭州 | 16918.60 | 525.97 | 120.94 |
| 湖州 | 5910.60 | 251.43 | 199.91 |
| 嘉兴 | 4009.78 | 332.28 | 178.76 |
| 南京 | 6788.03 | 492.67 | 125.63 |
| 南通 | 8837.65 | 433.60 | 258.04 |
| 宁波 | 8659.71 | 605.78 | 157.32 |

| 城市名称 | 城市总面积/km² | ΔISA/km² | EI/% |
|---|---|---|---|
| 上海 | 6400.25 | 1010.44 | 70.40 |
| 绍兴 | 8007.28 | 309.65 | 179.20 |
| 苏州 | 8656.19 | 1132.66 | 182.72 |
| 泰州 | 6000.29 | 229.87 | 207.56 |
| 无锡 | 4757.72 | 666.53 | 187.47 |
| 扬州 | 6865.30 | 248.91 | 196.57 |
| 镇江 | 3944.30 | 280.36 | 249.34 |

## 7.4  流域尺度十米级不透水面信息应用

### 7.4.1  秦淮河流域不透水面信息应用

秦淮河流域是长江三角洲比较富裕的区域，不透水面增加也较快，可用时间序列遥感影像开展不透水面监测。图 7-7 为长江三角洲流域南京、杭州和上海不透水面分布，图 7-8 为秦淮河流域不透水面分布，图 7-9 为秦淮河流域 2000～2009 年不透水面增加图。

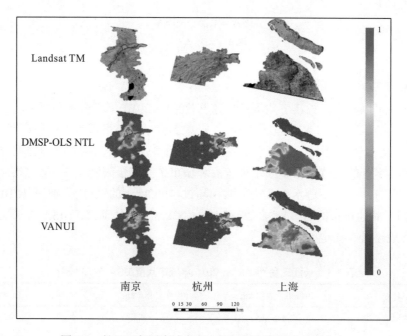

图 7-7  长江三角洲流域南京、杭州和上海不透水面分布

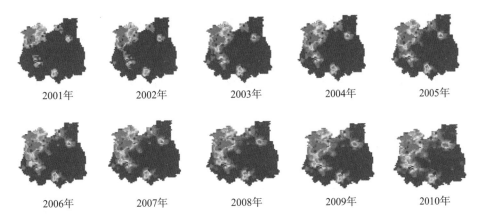

2001年　　　　2002年　　　　2003年　　　　2004年　　　　2005年

2006年　　　　2007年　　　　2008年　　　　2009年　　　　2010年

图 7-8　秦淮河流域不透水面分布

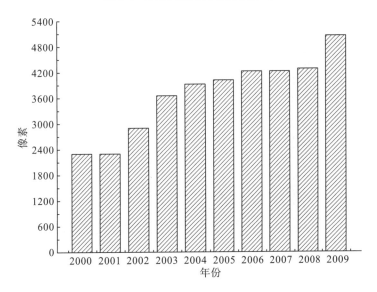

图 7-9　秦淮河流域 2000～2009 年不透水面增加图

### 7.4.2　流域不透水面信息在长江经济带规划中的应用

长江是我国第一大河、世界第三长河,干流流经青、藏、川、滇、渝、鄂、湘、赣、皖、苏、沪九省(区)二市,干流全长 6387km,流域面积为 180 万 km²,约占全国陆地总面积的 1/5。它自西向东横贯我国中部,战略地位十分重要。长江流域气候温暖、雨量充沛、支流湖泊众多。

长江经济带东起上海,西至云南,涉及沿江九省市(青、藏除外)的 43 个地市。该经济带是长江流域最发达的地区,也是全国高密度的经济走廊之一。该经济带国土面积约为 200 万 km²,1995 年人口为 2 亿多人,GDP 总计 1.4 万亿元,分别占沿江九省市的 27%、44%、62% 和全国的 4%、18%、25%,其人口密度、经济密度和人均 GDP 分别为沿江九省市的 1.6 倍、2.3 倍、1.4 倍,全国平均水平的 4.5 倍、6.2 倍和 1.4 倍,在沿江九省市和全国的经济地位及作用日益突出。

　　长江流域城市密集，市场广阔。1995 年沿江九省市拥有大小城市 216 个，占全国城市数量的 33.8%；城市化水平约为 50%，比全国平均水平高 21 个百分点；城市密度为全国平均密度的 2.16 倍。

　　目前，长江经济带发展面临诸多亟待解决的困难和问题，主要是生态环境状况形势严峻、长江水道存在瓶颈制约、区域发展不平衡问题突出、区域合作机制尚不健全等。

　　长江经济带是指沿江附近的经济圈。长江经济带覆盖上海、江苏、浙江、安徽、江西、湖北、湖南、重庆、四川、云南、贵州 11 个省（市），面积约为 205 万 km²，人口和生产总值均占全国的 40% 以上。

　　如果我们考虑不透水面总量同人口和 GDP 的关系，可得到图 7-10 所示的长江经济带各省（市）不透水面占比、图 7-11 所示的长江经济带各省（市）人均不透水面面积、图 7-12 所示的长江经济带各省（市）单位不透水面面积 GDP 产出。

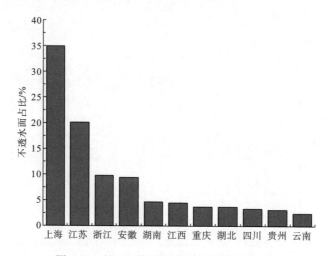

图 7-10　长江经济带各省（市）不透水面占比

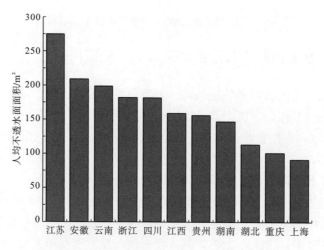

图 7-11　长江经济带各省（市）人均不透水面面积

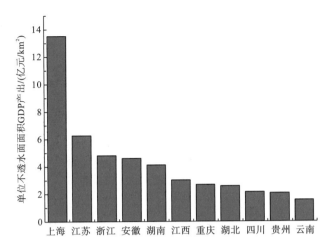

图 7-12　长江经济带各省(市)单位不透水面面积 GDP 产出

长江经济带横跨我国东、中、西三大区域，串起三大城市群。长江经济带战略作为中国新一轮改革开放转型实施新区域开放开发战略，是具有全球影响力的内河经济带，东、中、西互动合作的协调发展带，沿海沿江沿边全面推进的对内对外开放带，也是生态文明建设的先行示范带。

2016 年 9 月，《长江经济带发展规划纲要》正式印发，确立了长江经济带"一轴、两翼、三极、多点"的发展新格局："一轴"是以长江黄金水道为依托，发挥上海、武汉、重庆的核心作用，"两翼"指沪瑞和沪蓉南北两大运输通道，"三极"指的是长江三角洲、长江中游和成渝三个城市群，"多点"是指发挥三大城市群以外地级城市的支撑作用。

从规划目标来看，到 2020 年，长江经济带生态环境明显改善，水资源得到有效保护和合理利用，河湖、湿地生态功能基本恢复，水质优良(达到或优于III类)比例达到 75%以上，森林覆盖率达到 43%，生态环境保护体制机制进一步完善；长江黄金水道瓶颈制约有效疏通、功能显著提升；发展的统筹度和整体性、协调性、可持续性进一步增强，基本建立以城市群为主体形态的城镇化战略格局，城镇化率达到 60%以上；重点领域和关键环节改革取得重要进展，协调统一、运行高效的长江流域管理体制全面建立。

到 2030 年，水环境和水生态质量全面改善，生态系统功能显著增强，水脉畅通、功能完备的长江全流域黄金水道全面建成，创新型现代产业体系全面建立，上中下游一体化发展格局全面形成，生态环境更加美好，在全国经济社会发展中发挥更加重要的示范引领和战略支撑作用。

## 7.5　城市尺度米级不透水面信息在海绵城市规划和建设中的应用

海绵城市，是新一代城市雨洪管理概念，是指城市在适应环境变化和应对雨水带来的自然灾害等方面具有良好的"弹性"，也可称为"水弹性城市"。国际通用术语为"低影响开发雨水系统构建"。下雨时吸水、蓄水、渗水、净水，需要时将蓄存的水"释放"并加以利用。海绵城市建设对于应对城市洪涝灾害以及储水蓄水有着重要的作用，而海绵城市水文模型的建立对于海绵城市的设计和建设有着重大意义,因此设计一种针对城市的水文模型一直是城市内涝监测预警技术领域的一项重要课题。

### 7.5.1 海绵城市规划对高精度不透水面信息的需求

现有的基于地理数据的水文模型从采用的数据方面可以分为两大类:基于数字格网高程模型(digital elevation model,DEM)和基于不规则三角网(triangulated irregular network,TIN)的水流模型。例如,基于地表径流漫流模型、基于矩形窗口扫描 DEM 的模型,以及一些基于水流方向的算法,然而这些算法和模型,对城市平原地区有很大的不适用性。基于海绵城市的水文模型构建方法,需要在复杂多变的城市地区有效地模拟降水汇流情况,并可以进行参数和区域精化,利用历史数据进行参数的回归分析及区域的精细化,为海绵城市的设计和建设提供参考。图 7-13 为数字海绵地面模型框架图。

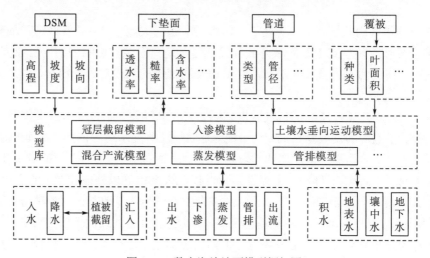

图 7-13　数字海绵地面模型框架图

要构建一个数字海绵地面模型(digital sponge terrain model,DSTM),需要采集城市地区地表高程数据、透水性、下垫面糙率,表面水蒸发的特性以及管排引流能力、方向等,并通过模型计算下垫面透水性与积水深度的关系,水流速度与下垫面糙率、积水深度、坡度之间的关系,网格表面水蒸发速率与温度、湿度、风速的关系,以及单位时间内得到的降水量、汇流量、蒸发量、渗水量、外流量、积水量、引流流向等属性数据得到 DESM 模型。当前可用的成熟的商业模型暴雨洪水管理模型(storm water management model,SWMM)是一个动态的降水-径流模拟模型,主要用于模拟城市单一降水事件或长期的水量和水质情况。另一款具有类似功能的商业软件是 InfoWorks。

### 7.5.2 武汉市米级不透水面信息应用实践

海绵城市规划,需要精细的不透水面专题信息。表 7-4 为作者针对武汉市海绵城市规划需求所提取的下垫面分类需求表。

表 7-4　武汉市海绵城市规划下垫面分类需求表

| | 编号 | 分类 | 备注 |
|---|---|---|---|
| 水面 | 1 | 需控制的水域 | 湖泊、港渠、水库等 |
| | 2 | 现状未开发水域 | 洼地、鱼塘、临时沟渠等 |
| 屋面 | 3 | 城市建筑屋面 | 住宅、公共建筑、公用设施等 |
| | 4 | 村镇屋面 | 村庄内的屋顶 |
| 城市路面 | 5 | 城市道路路面 | — |
| 硬质铺装 | 6 | 地块内部道路 | 包括小区、公建、园区、公园内部车行道和人行道 |
| | | 硬质铺装 | 包括小区、公建、园区、公园内的广场、地面停车场等 |
| 绿地 | 7 | 小区绿化 | — |
| | 8 | 城市道路绿化 | — |
| 绿地 | 9 | 城市公园绿地 | — |
| | 10 | 林地及山体 | 有植被覆盖的未建区 |
| 裸地 | 11 | 未开发荒地 | 无植被覆盖的未建区 |
| | 12 | 在建工地 | 城市建设区内已进行打围，尚未完成建设的在建区域 |

　　武汉市米级不透水面的遥感提取采用了高分号与资源 3 号卫星多光谱影像，如图 7-14 所示，分别提取到了如图 7-15～图 7-17 所示的结果。

(a) 高分1号多光谱影像　　　　　　　　　　(b) 资源3号卫星多光谱影像

图 7-14　武汉市高分 1 号与资源 3 号卫星多光谱影像

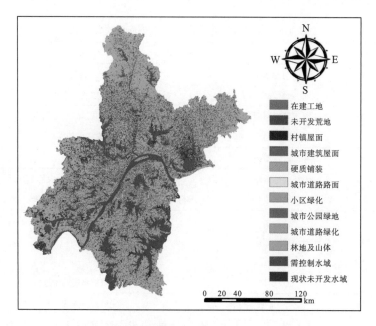

图 7-15　武汉市 12 类下垫面信息提取结果图

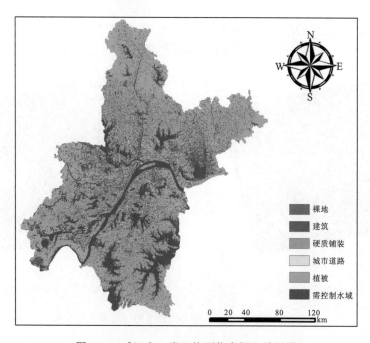

图 7-16　武汉市 6 类下垫面信息提取结果图

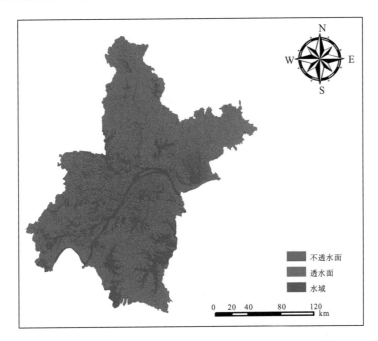

图 7-17　武汉市不透水面信息提取结果图

有了高精度不透水面信息，就可以采用如图 7-18 所示的流程，支持海绵城市规划和运营。

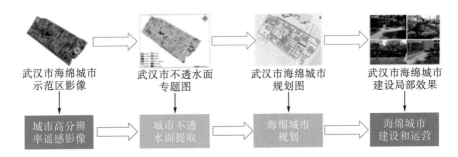

图 7-18　高分辨率不透水面在海绵城市规划和运营中的应用实践案例

### 7.5.3　雄安新区米级不透水面信息应用实践

为支持雄安新区科学规划，作者利用资源 3 号卫星影像，提取了雄安新区不透水面信息，可作为雄安新区辅助规划的基础支撑数据(图 7-19)。

图 7-19　雄安新区高分辨率遥感影像

雄安新区面积约为 1462km$^2$，其中，透水面占 69%；不透水面占 23%；水面占 8%（图 7-20）。

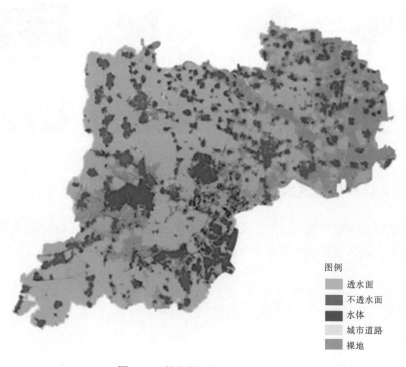

图例
透水面
不透水面
水体
城市道路
裸地

图 7-20　雄安新区不透水面分布图

# 7.6　景观尺度米级和分米级不透水面信息应用

景观尺度属于比城市或城镇更微观的尺度、景观尺度的不透水面规划和控制，涉及已有景观改造的成本，也涉及新的景观建设的规划设计，因此，在旧城改造和新区规划中都涉及不透水面信息的应用。

## 7.6.1　景观尺度不透水面信息在旧城改造中的应用

旧城改造通常包括社区道路从不透水性向透水性的转变，或在排水的薄弱环节增加排水能力等，如图 7-21 和图 7-22 所示。这些区域可用遥感影像作为数据源，普查老城区海绵改造的潜力，并根据财力和规划来逐步实施。

当前，在雨季出现渍水的城市越来越多。图 7-23 为武汉市青山区海绵城市示范区主要渍水点分布图，从该图可以看出，在只有 20 多平方公里的区域，渍水点多达 10 多处，2015 年武汉市申请成为国家海绵城市试点城市，该区域被选为首批示范改造的老城区景观。

青山示范区内无调蓄湖泊和排水明渠，区内雨水全部通过管渠汇至港西泵站进行排放，当地表径流超过泵站的抽排能力就会出现渍水。该景观区域内主要有 12 个渍水点。通过对示范区内现状下垫面进行解析，下垫面分为绿地、水面、屋面、裸地、不透水道路和老小区绿化地。由于传统建设理念落后，采用"人水争地，过度硬化"模式，青山示范区下垫面较开发前发生了较大变化，导致雨水"集中排，急速排"。

图 7-21　老城景观不透水面改造示例（一）　　　　图 7-22　老城景观不透水面改造示例（二）

作者基于图 7-24 对青山区景观不透水面信息的提取结果是：透水面占 42.5%，水面只占 3.5%，不透水面占比高达 54.0%，如图 7-25 所示。武汉市在 2015 年开始对青山区景观进行海绵城市改造，到 2017 年建成，作者采用如图 7-26 所示的影像再次进行了不透水面信息遥感提取，得到的结果是：透水面占比增加到 57.8%，水面占比增加到 4.3%，不透水面占比下降到 37.9%，如图 7-27 所示。

图 7-23　武汉市青山区海绵城市示范区主要溃水点分布图

图 7-24　武汉市青山区海绵城市示范区 2014 年的资源 3 号卫星高分辨率遥感影像

图例
　透水面
　不透水面
　水体

图 7-25　武汉市青山区海绵城市示范区 2015 年不透水面分布图

图 7-26　武汉市青山区海绵城市示范区 2017 年的 WorldView 影像

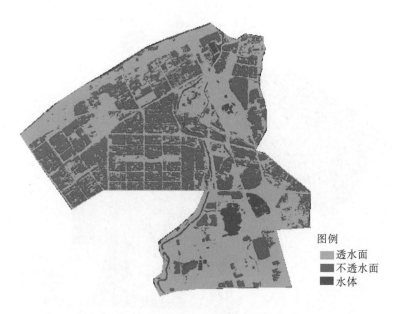

图 7-27　武汉市青山区海绵城市示范区 2017 年不透水面分布图

## 7.6.2　景观尺度不透水面信息在新区规划中的应用

　　四新示范区位于武汉市主城区西南部汉阳区与武汉经济开发区、长江北岸。四新示范区东临长江、南接三环线西环段、西连龙阳大道、北依墨水湖，由滨江大道、杨泗港快速通道、龙阳大道及三环线等道路围合而成(图 7-28)。

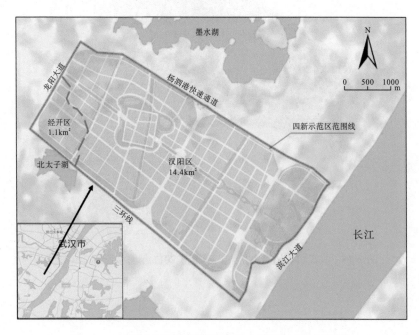

图 7-28　武汉市汉阳区四新海绵城市建设示范区区位图

　　四新示范区是一个具有典型滨水景观特色"两江相抱，渠湖成网"的生态居住新城，面积为 15.5km²，规划人口 20 万人。四新示范区是个快速开发建设的新城，目前处于"半城新、半城农"的状态，其始终坚持以"生态营城，低碳城市"为建城理念，规划"一公里见水"的渠网系统，构建区块植草沟网络，持续推进低影响开发建设。城市排水系统按雨污分流制建设，依托纵横水网，打造"管网密布，就近入渠"的排水模式。

　　四新示范区先天生态本底良好，但随着城市开发，"人水争地"环境下"堆土造城"，形成了地下滨湖相淤泥层不透水、地表填土层黏性大不渗水、挖土一米见地下水的水文地质特征，从而对海绵城市建设提出了更高的要求。

　　四新示范区内涝治理是基于大东湖流域蓄排平衡的框架，增大流域调蓄抽排能力，提升流域连通渠系的排放能力，加强源头削峰减排能力。

　　笔者基于图 7-29 所示景观的不透水面信息提取结果是：透水面占 61.0%，水面只占 2.3%，不透水面占比高达 36.7%，如图 7-30 所示。武汉市在 2015 年开始对该小区景观进行海绵城市规划和建设，到 2017 年建成。笔者采用图 7-31 所示的影像再次进行了不透水面信息遥感提取，得到的结果是：透水面占比增加到 58.6%，水面占比增加到 4.6%，不透水面占比下降到 36.8%，如图 7-32 所示。

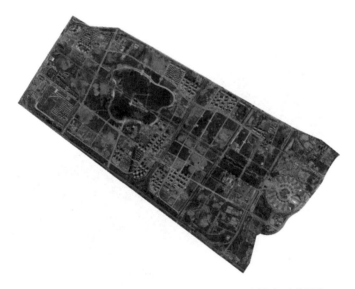

图 7-29　武汉市四新示范区 2014 年的 1m 分辨率遥感影像

图例
▨ 透水面
▨ 不透水面
■ 水体

图 7-30　武汉市四新示范区 2014 年不透水面分布图

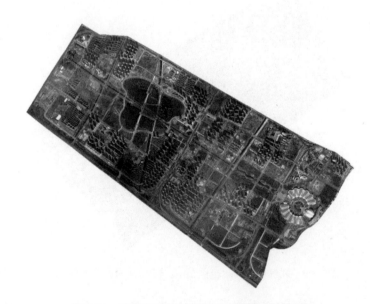

图 7-31　武汉市四新示范区 2017 年的遥感影像

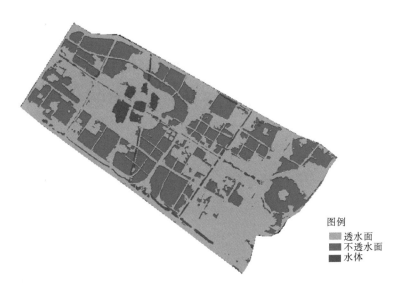

图例
- 透水面
- 不透水面
- 水体

图 7-32 武汉市青山区海绵城市示范区 2017 年不透水面分布图

## 本章参考文献

左俊档，蔡永立，2011. 平原河网地区汇水区的划分方法——以上海市为例[J].水科学进展，22(3)：337-343.

Haas J, Ban Y, 2004. Vrban growth and environmental impacts in jing-jin-ji, the yangtze, river delta and the pearl river delta[J]. International Journal of Applied Earth observation and Geoinformation, 30:42-55.

Gong P, Li X, Wang J, et al., 2020. Annual maps of global artificial impervious area（GAIA）between 1985 and 2018[J]. Remote Sensing of Environment, 236: 111510.

# 第8章　多尺度不透水面信息提取
## 模型和方法及应用展望

本章包括当前不透水面信息遥感提取面临的挑战不透水面信息提取模型展望、不透水面信息提取方法展望、从不透水面信息的提取到不透水层信息的提取和多尺度不透水面信息应用展望五个方面的内容。

## 8.1　当前不透水面信息遥感提取面临的挑战

不透水面具有光谱变化大、噪声强等特征，同时与其他自然地表覆盖类型如植被、水体、土壤等共同存在，使得各种背景元素交错分布，传统提取方法容易受到光谱混淆、阴影遮挡等因素的影响。

城市不透水地表通过改变城市下垫面结构，引起地表反照率、比辐射率、地表粗糙度的变化，从而对垂直方向辐射平衡产生直接影响；不透水地表会增强地表显热通量，从而加剧城市热岛效应，改变局地气候，影响城市生态服务功能。不透水面的地理空间模式及渗透率均具有明显的区域水文效应，城市不透水面的扩张阻碍了地表水循环，导致地表径流量增加，城市内涝灾害风险增大，同时也影响污染物的迁移分布。因此，城市不透水面覆盖度已被作为城市化过程中水文环境效应研究的重要参数，不透水面的数量和空间分布对城市水文过程、水资源时空分布和水环境质量具有重要的影响(Shao et al.，2019)。

城市不透水地表格局也是定量评估城市土地覆盖结构组合对人居环境产生影响的核心内容，研究城市不透水面信息的提取具有如下科学与现实意义。

(1)定量评估城市地表覆盖格局对城市生态系统服务热调节功能的胁迫关系，解答城市热环境从"科学量测"向"科学调控"发展的关键科学问题。

(2)可以为优化城市生产、生活、服务和生态空间布局，控制城市适度规模以及城市生态规划与整治提供科学参考。

因此，如何精确提取不透水面信息已成为目前国内外城市环境规划管理及海绵型生态城市研究领域的前沿与热点问题。

高分遥感影像的高空间分辨率特性为提取更精细的地表覆盖提供了可能，但其地形、建筑物、树木造成的阴影区域和遮挡问题，成为不透水面信息精确提取的一个瓶颈。本书研究的城市复杂地表，是指由于城市地表环境较复杂，在影像上存在阴影或遮挡问题，导致传统基于光谱特征和空间特征的面向对象分类方法很难精确区分地物类别的地表。

城市复杂地表区域地物类型多样，常常需要借助多源遥感数据来实现不透水面信息提取。基于遥感影像的城市不透水面信息提取的本质是对影像中不透水面地物类型表现出的特征进行分析和处理,进而建立起这些特征与不透水面信息之间的定量关系。已有研究采用 MODIS 或 LANDSAT 等中低分辨率遥感影像估算城市不透水面,其提取精度和服务尺度主要满足城市总体规划等宏观需求,尚不能满足城市详细规划或海绵城市规划所需的高精度不透水面的提取需求。

在进入遥感大数据时代后,高分辨率遥感影像信息提取技术面临以下几个方面的严峻挑战。

(1)高分辨率遥感影像具有数据海量、尺度依赖、地物种类繁多和场景复杂等特点,基于单一或组合地层特征的遥感图像检索很难取得满意的提取结果,因此需要研究融合多特征的信息提取模型和方法。

(2)面对海量的遥感数据,传统的人工设计特征的策略已不再适用,为了从海量遥感数据中快速而准确地提取到所需信息,实现自适应的特征学习是必要的。因此需要研究基于深度学习模型等人工智能处理方法。

(3)在城市复杂地表区域,影响不透水面提取精度的阴影问题和树木遮挡问题并没有得到有效解决,仅使用高分辨率影像的光谱特征、空间特征来提取城市不透水面信息具有信息不足的先天缺陷,如何融合多源数据的特征实现对阴影区域或有遮挡区域不透水面的定量提取是当前面临的挑战。

(4)海绵城市建设增加了大量的透水铺装,城市透水面和不透水面的材质变得更为复杂,需要有更多的能反映材质的特征,才能有效、高精度提取复杂场景城市不透水面信息。

## 8.2　不透水面信息提取模型展望

本书系统总结了各类不透水面信息遥感提取模型。作者从 1995 年 Ridd 提出的地表覆盖 V-I-S 模型开始,分别总结了基于混合光谱分解的不透水面信息提取模型、不透水面信息提取指数模型和基于影像分类的不透水面信息提取模型。其中基于影像分类的不透水面信息提取模型又进一步细分为像元尺度不透水面分类模型、亚像元尺度不透水面分类模型和面向对象的不透水面分类模型。作者从应用需求出发提出了 3 个新的模型,分别是:光学遥感影像图谱耦合的不透水面信息遥感提取模型、基于深度学习的不透水面信息提取模型和不透水面信息提取的尺度效应模型。

目前各类深度学习模型会越来越成熟,样本库也会越来越大。未来将考虑基于已有样本库的迁移学习模型研究。

由于遥感影像的成像条件不同,如季节性因素、传感器差异、量化位数等,已有标记的样本数据无法适应不同类型传感器获取不同条件下的遥感影像,即训练数据和测试数据不一定是独立同分布的,在训练集上训练的深度学习模型在测试集上的表现可能会很差。因此,如何将在源领域上训练的模型很好地泛化在目标领域上是一个新问题,另外,在何种条件下进行泛化也是同样值得深究的问题。

迁移学习(transfer learning)是一种机器学习方法,是把一个领域(即源领域,source domain)的知识,迁移到另外一个领域(即目标领域,target domain),使得目标领域能够取得更好的学习效果。其定义如下。

给定源域 $D_S = \{X_S, f_S(X)\}$ 和学习任务 $T_S$，目标域 $D_T = \{X_T, f_T(X)\}$ 和学习任务 $T_T$，迁移学习旨在源域不同于目标域或者学习任务 $T_T$ 不同于学习任务 $T_S$ 的条件下，通过使用学习任务 $T_S$ 和源域 $D_S = \{X_S, f_S(X)\}$ 所获取的知识来提高在目标域 $D_T$ 上的预测函数 $f_T(\cdot)$ 的结果。

遥感影像包含多平台多传感器获取的多源数据，多源数据之间存在尺度差异，土地利用或土地覆盖又包含物候特征，可能存在年际或季节性变化。同时，城市复杂场景还存在各类遮挡，因此如何通过建立迁移学习模型，得到具有更好泛化能力的模型，是需要继续研究的内容。

## 8.3　不透水面信息提取方法展望

本书将不透水面信息提取方法与尺度相结合，分别论述了下列尺度的不透水面信息遥感提取方法。

(1)全球和区域尺度基于中低分辨率遥感影像的子像素级和像素级不透水面信息遥感提取方法。

(2)流域尺度基于中分辨率遥感影像的子像素级和像素级不透水面信息遥感提取方法。

(3)城市尺度基于多源高分辨率遥感影像深度学习的不透水面信息提取方法。

(4)景观尺度基于多源高空间分辨率遥感影像的图谱融合不透水面信息遥感提取方法。

在每一个尺度，又包含单一数据源的不透水面信息遥感提取方法，或融合多源数据的不透水面信息遥感提取方法，还会涉及具体模型的选择。不同的数据源与相应的模型和方法的结合形成不同自动化程度的不透水面信息遥感提取解决方案。

可以预见的是，不透水面信息的遥感提取方法将会朝以下方向发展。

(1)研究各类专题地图和众源时空大数据向不透水面信息转化的方法。

(2)研究针对融合卫星、无人机、车载等多平台且包含高光谱、高分辨率、视频等多传感器多源数据融合的城市复杂场景的不透水面信息提取新方法。

(3)研究基于时间序列影像的不透水面信息迁移学习提取方法。

## 8.4　从不透水面信息的提取到不透水层信息的提取

不透水面信息仅仅描述了材质的地表类型，未考虑透水面的厚度、透水系数等特性，未来需要继续开展从不透水面到不透水层的深入研究。例如，将多源遥感影像与三维测地雷达等新型传感器数据进行融合，开展从不透水面信息到不透水层信息的研究，在垂直方向上开展从数据获取到深度建模再到辅助决策的应用研究。图8-1为笔者采用车载探地雷达采集海绵城市示范区透水层和不透水层厚度，通过介电常数的差异来对地表的透水性进行分层表达，图8-2为从不透水面信息到不透水层信息的提取界面。

图 8-1　采用车载探地雷达采集海绵城市示范区透水层和不透水层厚度

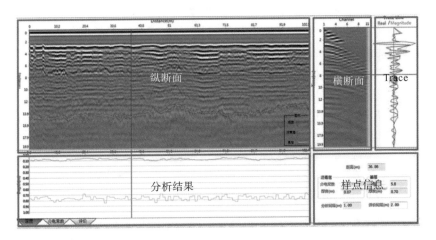

图 8-2　从不透水面信息到不透水层信息的提取界面

## 8.5　多尺度不透水面信息应用展望

城市发展导致自然界出现了原本并不存在的下垫面——城市下垫面。随着城市的发展,植被等自然景观被水泥、沥青等不透水面取代,城市与郊区下垫面的差异越来越显著,加之城市内部大量人为热、温室气体及污染物的排放,导致了城市的特殊气候,根据大量观测事实,从温度、湿度、浑浊度等角度,可将城市气候特征归纳为五岛效应,即城市热岛效应、城市干岛效应、城市湿岛效应、城市雨岛效应、城市浑浊岛效应。

### 1. 城市热岛效应

城市热岛效应是指城市温度相对于郊区更高的现象(图 8-3)。城市化过程中自然地表被替换为人造不透水面,改变了地表的热力性质、能量交换机制与大气水文环流特性,进而改变了城市的热环境体系。在城市热岛效应研究中,有些研究着眼于空气温度,有些研究则聚焦于地表温度。前者通过气象站点或传感器获取近地面空气温度、湿度、风速等气象数据进行城市热环境研究,后者通过遥感影像反演获取地表温度数据对城市热岛效应进行研究。

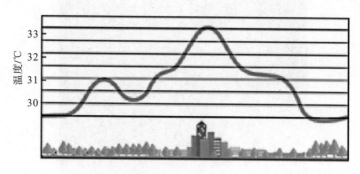

图 8-3　城市热岛效应

上述不同方法各有利弊。使用城市气象站点数据受限于研究区域内气象站建设程度,而自行使用传感器移动观测或定点观测获取数据则需要较高的成本,且对操作规范要求高,难以覆盖较大的研究区域。遥感数据反演的方法可以获得比较全面的时空数据,虽然受限于影像分辨率,且只能获得地表温度,但相比稀疏的气象站点数据,面状的遥感数据更适宜作为区域整体的城市热环境时空模式与机制挖掘的数据源。

在城市化与城市热岛效应的交互机制挖掘中,地表温度是一个很有效的指标,地表温度调节着近地表的空气温度,是地表能量平衡的关键。

### 2. 城市干岛效应

城市干岛效应是指城市区域的相对湿度低于郊区的现象,干岛效应与热岛效应通常是相伴存在的。在城市化进程中,水泥、沥青等不透水面取代了自然地表,不透水面成为城市下垫面的主体,降落地面的水分大多直接经人工管道排至他处,造成地表径流加速,缺乏土壤和植被的吸收及保蓄能力,因而城市近地面的空气难以从土壤和植被的蒸发过程中得到水分补给,导致城市区域湿度偏低,形成干岛效应。

### 3. 城市湿岛效应

在暖季,当水汽凝结成露时,因市区温度较高,凝露量小,城区近地面水汽气压高于郊区,这就是城市湿岛效应。潘娅英等(2007)对丽水地区的干岛与湿岛效应进行了研究,定义了干(湿)岛指数,指数为正数表示为湿岛,反之则为干岛。图 8-4 为四个季节干(湿)岛指数变化,研究发现在春、秋、冬季的晴天有干岛、湿岛的交替,通常在凌晨出现湿岛,日出之后表现为干岛,日落之后干岛效应逐渐减弱,直至凌晨出现湿岛;而在夏季晴天均为干岛效应。

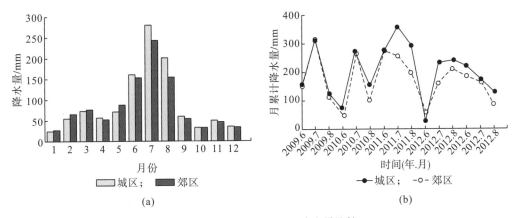

图 8-4　南京地区城市郊区降水量比较

#### 4. 城市雨岛效应

城市雨岛效应是指大城市内高层建筑使空气循环不畅，盛夏空调的使用、汽车尾气加重，城市内部热量大量排放使城市上空形成热气流且越积越厚，最终导致降水的现象。研究表明，城市存在降水增多的雨岛效应，主要是由城市化造成的热岛效应、下垫面的阻碍效应及空气污染物颗粒的凝结核作用共同造成的。陈圣劼等(2016)利用南京市 2009～2013 年 71 个气象站点的降水数据，对南京地区城郊降雨差异特征进行分析，研究结果表明南京地区城市雨岛效应存在明显的季节特征，如图 8-4 所示，雨岛效应集中出现在 6～8 月，其他季节城市与郊区降水量差别不明显。

#### 5. 城市浑浊岛效应

城市浑浊岛效应是指由于城市空气污染使大气透明度降低及城市雨岛效应造成日照时长减少的现象。由于城市人口集中、车辆众多，排出的污染物与污染气体多于郊区，空气的浑浊程度高于郊区，云雾多，太阳辐射大大削弱，能见度也低于郊区，同时由于空气污染以及高耸建筑的影响，市区日照时长小于郊区。任春艳等(2006)对西北地区五个城市的日照时数进行分析，表明城市化进程中存在浑浊岛效应。赵志敏等(2007)以乌鲁木齐为研究区域，对城市化综合指标与日照时数进行相关分析，结果表明乌鲁木齐市的浑浊岛效应符合环境库兹涅茨规律，随着产业结构调整与环保观念加强，市区浑浊岛效应会得到减弱。

不透水面覆盖度是城市化的一个重要表现，是生态环境评价的主要指标之一，它的升高会伴随区域绿地和水体面积的减少，加剧城市热岛效应等的发生，对城市和区域生态环境产生负面效应。

传统的城市建设模式，需要修建建筑物、道路和停车场，均将透水的地球表面改造为不透水的表面。当前，中国城市化的快速发展带来了不少新问题：城市规模不断扩大，城市人口在增加，水资源越发紧缺；城市的硬质路面比例大大增加，城区的水文、水力特性明显改变；造成逢雨必涝，旱涝急转，难以应对大流量的雨洪。据住房和城乡建设部统计，

2010 年对国内 351 个城市排涝能力的专项调研显示，2008～2010 年，有 62%的城市发生过不同程度的内涝，其中内涝灾害超过 3 次以上的城市有 137 个。2008～2010 年，中国有超过 300 多个城市遭遇过内涝，其中 60 多个城市单次内涝时间超过 12h，淹水深度超过 0.5m。

城市不透水面是衡量城市生态环境状况的一个重要指标，它可以用来检测城市中生态环境的变化以及人与自然的和谐状况，如城市土地利用分类、居住人口评估、城市利用规划和城市环境评估、地表径流和热岛效应等。其面积大小、几何及空间分布、透水面和不透水面的比例等指标在城市化进程及环境质量评估中具有重要的意义。不透水面变化从根本上改变降水再分配，不透水面的面积大小、空间分布等指标是构建海绵型生态城市的技术支撑。

海绵城市是解决城市内涝问题的有效方法，指城市能够像海绵一样，在适应环境变化和应对自然灾害等方面具有良好的"弹性"，下雨时吸水、蓄水、渗水、净水，需要时将蓄存的水"释放"并加以利用。海绵城市建设应遵循生态优先等原则，将自然途径与人工措施相结合，在确保城市排水防涝安全的前提下，最大限度地实现雨水在城市区域的积存、渗透和净化，促进雨水资源的利用和生态环境保护。海绵城市能充分发挥城市绿地、道路、水系等对雨水的吸纳、蓄渗和缓释作用，有效缓解城市内涝，削减城市径流污染负荷，节约水资源，保护和改善城市生态环境。

多尺度不透水面信息的应用主要体现在四个方面。

(1)不透水面信息的提取是构建海绵城市的重要依托。在规划过程中，通过不透水面信息的提取得到其分布现状，从而找出城市不透水的薄弱环节和区域；在建设过程中要对海绵城市的理想区域进行检测和保护，同时对不理想区域进行改造，改造的过程也依托不透水面的分布信息，最终实现透水面的增大，实现海绵城市的构建。

(2)可应用不透水面数据支撑土地利用变化检测。不透水面是城市的基质景观，并主导着城市的景观格局与过程。其所涵盖的典型地物如建筑、道路、停车场等都是人类对于自然土地覆盖类型的改造结果，因而被认为是衡量城市化水平和环境质量的关键指标参数。基于不透水面覆盖度的土地利用变化检测方法应用于城市扩展监测分析，能够提供比传统变化检测方法更多的细节信息，能有效弥补传统方法的局限和不足。

(3)不透水面对城市环境具有一系列重要影响。区域不透水面变化会影响病原体等非点源污染物的扩散，对城市居民的健康构成潜在威胁。与植被等自然下垫面相比，不透水面具有较强的太阳辐射吸收能力，同时所吸收能量的一部分又会以长波的形式向外辐射，显著改变城市内部的热环境，进而引发或加剧热岛效应。

(4)为自然资源监测和城市规划与建设部门提供数据支持。不透水面信息的提取结果能够为自然资源监测和城市规划与建设各部门提供数据支持，促进地形测绘与地图更新、土地利用分类、城市洪涝灾害监测等应用的发展。

# 本章参考文献

潘娅英, 陈文英, 郑建飞, 2007. 丽水市大气环境中的干湿岛效应初探[J]. 干旱环境监测, 21(4): 210-215.

陈圣劼, 尹东屏, 李玉涛, 2016. 南京地区城郊降雨差异特征分析[J]. 气象与环境学报, 32(6): 27-42.

任春艳, 吴殿廷, 黄锁成, 2006. 西北地区城市化对城市气候环境的影响[J]. 地理研究, 25(2): 233-241.

赵志敏, 徐华君, 王虎贤, 2007. 城市化对 "城市浑浊岛效应" 影响分析[J]. 沙漠与绿洲气象, 1(6): 7-9.

Shao Z F, Fu H Y, Li D, et al., 2019. Remote sensing monitoring of multi-scale watersheds impermeability for urban hydrological evaluation [J]. Remote Sensing of Environment, 232: 111338.